전통 떡·퓨전 쌀 디저트 레시피

희동이네 떡방앗간

BM (주)도서출판 성안당

Foreign Copyright:
Joonwon Lee
Address: 13F,127, Yanghwa-ro, Mapo-gu, Seoul, Republic of
Korea 3rd Floor
Telephone: 82-2-3142-4151
E-mail: jwlee@cyber.co.kr

희동이네 떡방앗간

2008. 11. 20. 1판 1쇄 발행
2009. 1. 30. 2판 1쇄 발행
2017. 2. 24. 2판 6쇄 발행
2022. 2. 14. 2판 7쇄 발행

지은이 | 김희성
펴낸이 | 이종춘
펴낸곳 | BM (주)도서출판 성안당
주소 | 04032 서울시 마포구 양화로 127 첨단빌딩 3층(출판기획 R&D 센터)
10881 경기도 파주시 문발로 112 파주 출판 문화도시(제작 및 물류)
전화 | 02) 3142-0036
031) 950-6300
팩스 | 031) 955-0510
등록 | 1973. 2. 1. 제406-2005-000046호
출판사 홈페이지 | **www.cyber.co.kr**
ISBN | 978-89-315-8036-5 (13590)
정가 | 16,000원

이 책을 만든 사람들

책임 | 최옥현
기획 · 진행 | 부크 박희란
진행 · 편집 | 정지현, 홍희정
본문 · 표지 디자인 | 올디자인, 박현정
홍보 | 김계향, 이보람, 유미나, 서세원
국제부 | 이선민, 조혜란, 권수경
마케팅 | 구본철, 차정욱, 나진호, 이동후, 강호묵
마케팅 지원 | 장상범, 박지연
제작 | 김유석

■ **도서 A/S 안내**

성안당에서 발행하는 모든 도서는 저자와 출판사, 그리고 독자가 함께 만들어 나갑니다.
좋은 책을 펴내기 위해 많은 노력을 기울이고 있습니다. 혹시라도 내용상의 오류나 오탈자 등이 발견되면 **"좋은 책은 나라의 보배"**로서 우리 모두가 함께 만들어 간다는 마음으로 연락주시기 바랍니다. 수정 보완하여 더 나은 책이 되도록 최선을 다하겠습니다.
성안당은 늘 독자 여러분들의 소중한 의견을 기다리고 있습니다. 좋은 의견을 보내주시는 분께는 성안당 쇼핑몰의 포인트(3,000포인트)를 적립해 드립니다.
잘못 만들어진 책이나 부록 등이 파손된 경우에는 교환해 드립니다.

요리보다 쉽고 베이킹보다 간단한
떡 만들기 & 쌀베이킹

언제부터인가 요리를 한다는 것이 너무나 재밌고 행복하게 느껴지기 시작했어요. 점점 빵과 과자, 케이크 만드는 일에 남다른 관심을 가지게 되었고, 조금 더 넓은 세상에서 배우고 싶다는 욕심에 뉴욕행 비행기에 무작정 몸을 실었죠. 하지만 그 곳에서 제가 배운 것은 세계의 다양한 음식문화나 거창한 요리들이 아니었어요.

선진국에서는 표백제와 방부제가 많이 들어있는 밀가루 대신 쌀로 만든 웰빙 음식들에 한창 열광하고 있는 중이었거든요. 덕분에 저는 우리 쌀과 우리 떡이 얼마나 소중한지 절실히 깨닫고 돌아왔습니다. 쌀로 만든 음식이야 우리 나라에서는 이미 오래전부터 늘 먹어 오던 음식들이었는데 말이지요.

서양 사람들은 우리의 먹을거리에 주목하고 있는데 반해, 우리 나라에선 전통 주전부리인 떡이 언제부터인가 서양식 빵과 과자, 케이크에 밀려 우리 일상생활에서 멀어져 가고 있어요. 어른들의 가르침을 받아 집안에서 만들던 것이 이젠 방앗간에서 그 역할을 대신하게 되었고, 그러면서 떡은 명절이나 집안에 큰 행사가 있을 때만 겨우 접할 수 있는 특별한 음식이 되어 가고요.

물론 최근 들어 웰빙 열풍과 함께 우리 떡의 우수성이 인정받고 있고 다시금 우리 곁에 가까워지는 듯해요. 하지만 아직은 그러한 관심에 비해 떡을 접하거나 배울 수 있는 곳이 너무나 부족한 것이 현실이랍니다.

저 역시 어린 나이에 떡을 만들려다보니 모르는 것뿐이라 매번 떡을 만들 때마다 실패를 반복할 수밖에 없었어요. 기초적인 재료 손질부터 하나하나 배우고 익혀야 했기 때문에 걸음마를 배우는 어린아이의 마음으로 하루 세끼를 떡으로 대신하며 매일을 쌀가루들과 씨름했답니다. 해마다 수십 권이 발행되는 베이킹 관련 서적과는 달리 떡에 관한 책은 메마른 사막에서 오아시스를 찾는 일처럼 드물었고, 궁금한 것이 있으면 직접 실패를 겪어가며 하나씩 터득해 가는 수밖에 없었지요.

하지만 전 우리 떡의 무한한 가능성을 믿고 있었고, 그 떡의 가능성에 꼭 한번 도전해 보고 싶다는 작지만 큰 꿈을 갖고 있었어요. 아마도 그 꿈 하나로 지금까지 열심히 달려올 수 있었던 것이 아닐까 싶어요. 그렇게 시작한 떡과의 인연으로 하나 둘씩 저만의 레시피로 만든 떡들이 탄생하게 되었고, 방앗간 대신 블로그라는 작은 공간에서 제 꿈을 조금씩 펼쳐 보이기 시작했지요. 그리고 어느덧 지금은 이렇게 쌀로 만든 음식에 대한 노하우를 담은 저의 첫번째 책을 출간하기에 이르렀습니다.

예전에는 쌀가루로 고작 떡을 만들어 먹는 것이 전부였어요. 하지만 요즘은 기술이 발달하면서 쌀가루를 가지고도 떡 뿐만 아니라 빵이나 과자도 얼마든지 만들 수 있게 되었답니다. 우리 땅에서 나는 우리 쌀을 이용해 내손으로 직접 만들어 100% 믿을 수 있는 건강하고 맛있는 진정한 웰빙 간식이 있는데 굳이 밀가루 음식을 먹을 필요가 없어진 것이죠.

이 책에는 여러 가지 떡 레시피 뿐만 아니라 제가 즐겨 만들어 먹는 쌀가루를 이용한 빵과 과자도 함께 소개해 보았어요. 제 레시피대로만 만들면 누구나 쌀을 이용한 모든 건강 간식을 즐길 수 있길 간절히 바라는 마음도 가득 담았답니다.

그동안 제가 만들었던 레시피들을 블로그에 소개한 후 '희동님의 레시피 덕택에 기억에 남는 선물을 할 수 있어서 제가 더 행복했어요.', '온가족이 맛있게 만들어 먹으며 즐거운 추억을 만들었어요.' 라는 감사의 말을 해주시는 분들을 보면 가슴이 뿌듯했어요.

제가 만든 것보다 오히려 더 먹음직스럽게 만들어 직접 사진까지 올려주신 날에는 온종일 행복해서 싱글벙글 한답니다. 앞으로는 이 책을 통해 이전보다 더 많은 분들이 직접 만들어 먹는 기쁨과 건강함을 선물하며 더 큰 행복을 느낄 수 있었으면 좋겠다는 작은 바람을 가져봅니다.

마지막으로 이 책을 출판할 수 있도록 도와주시고 격려해 주신 가족과 친구들, 블로그의 소중한 이웃분들 외 모든 분들께 진심으로 감사와 사랑의 인사를 전합니다.

2008년 10월 김희동

요리 소개 요리에 들어가기에 앞서서 요리에 얽힌 이야기를 들려주거나 누구나 쉽게 도전할 수 있도록 간략하게 재료와 조리법에 대한 설명을 곁들이는 글이에요.

과정 사진 꼭 필요한 주요 장면을 요약하여 큰 사진으로 보여 주었고, 각 과정별로 좀 더 세부적인 묘사가 필요한 내용은 작은 사진으로 처리하여 조리 과정에 대한 이해도를 높이고자 했어요.

사랑을 부르는 이름
러브러브 백설기

재료 준비 주로 숟가락과 찻숟가락으로 계량을 했어요. 컵이나 갯수로 표현하는 등 재료의 분량을 가늠하기 쉬운 일상적인 계량법을 쓰고자 노력했답니다. 단, 정확한 계량이 필요한 쌀베이킹의 경우처럼 정확한 분량이 필요한 재료는 g/ml로 표기했습니다.

과정 설명 쌀로 만드는 요리들은 알고 보면 그리 어렵지 않은데 중간 중간 주의해야 할 팁들이 많아서 글로 써놓으면 굉장히 복잡한 것처럼 느껴져요. 과정 설명을 보면서 초보자도 실수없이 요리를 완성할 수 있도록 최대한 자세하고 친절하게 설명했답니다.

요리팁 요리 과정 상에서 미처 챙기지 못한 요리팁들을 정리해 놓았어요. 완성된 요리의 보관 방법이나 재료의 영양성분 등 알아두면 좋을 추가 정보를 꼼꼼하게 모았답니다.

✿ Contents

모든 떡의 기본이 되는
베이스재료 만들기 ♫

Part I

초보자도 한번에 OK!
종류별 떡 만들기

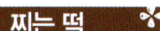

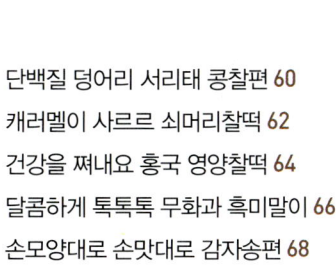

Part 3

쌀이니까 안심!
아이떡, 어른떡, 선물용떡

우리 쌀로 만드는 신토불이 쌀베이킹

몸과 마음이 즐거워지는 전통 건강 디저트

희동이의 쌀사랑 보고서!

쌀로 만든 먹을거리가 좋을 수밖에 없는 이유

우리 주변의 간식거리를 살펴보면 빵과 과자, 도넛, 라면 등 밀가루 음식이 높은 비중을 차지하고 있어요. 이러한 밀가루들의 99%가 수입 밀로 만들어져요.

밀이 수입되려면 배를 이용해 통상 보름에서 한 달 정도의 긴 시간 동안 험난한 항해를 거쳐야만 한다고 해요. 때문에 선박으로 오래 운송하는 시간과 유통되는 시간을 감안하여 벌레가 먹거나 대장균이 번식하지 않도록 생산과정 중에 과다한 양의 농약을 살포한다고 하지요. 뿐만 아니라 '포스트 하비스트(Post Harvest, 수확을 다한 작물에 뿌리는 농약)', 다시 말해서 곧 소비될 농산물에 한 번 더 농약을 뿌리기 때문에 큰 문제가 되고 있는 것이랍니다. 밀을 수입하는 국가에서는 원산지보다 몇 배의 농약을 먹고 있는 셈이지요.

게다가 시중에서 파는 간식거리에는 여러 가지 유해물질이 첨가되어 있어요. 팽창제, 향료, 색소 등 우리의 건강을 위협하는 재료들이 무분별하게 사용되고 있답니다. 이러한 밀가루로 만든 음식을 자꾸 섭취하다 보면 면역력 저하와 신경 장애는 물론, 각 기관 기능 저하로 인해 여러 가지 질병에 쉽게 노출될 수 있어요.

우리나라 사람들에게 직장암과 대장암 환자가 증가하는 원인을 수입밀가루의 소비가 늘면서 가공식품 속의 방부제가 점차 장에 영향을 끼쳐 인체의 면역력을 떨어뜨리기 때문이라고 밝힌 연구결과도 있어요.

반면, 우리의 전통 곡물인 쌀은 밀가루와는 비교할 수 없을 정도로 영양이 풍부한 재료일 뿐만 아니라 우리나라에서 생산되고 소비되기 때문에 비교적 농약과 같은 화학성분의 위험으로부터 안전한 먹을거리인 셈이죠. 우리 쌀의 우수성에 대해 조금 더 깊이 있게 살펴보도록 할게요.

☀ **높은 소화율** 소화가 잘 안 될 때 병원을 찾으면 의사선생님들은 꼭 밀가루 음식을 먹지 말라고 하죠. 쌀의 단백질은 다른 곡물과 달리 대부분 위산에 잘 녹는 글루텔린 (gultelin, 밀·보리·쌀 등의 곡물류 씨앗에 함유되어 있는 식물성 단백질)으로 이루어져 빵이나 국수류보다 훨씬 소화가 잘 된답니다.

☀ **콜레스테롤 조절** 쌀 단백질에는 필수 아미노산인 리신(lysin, 단백질을 이루는 필수 아미노산) 함량이 높아요. 이 물질은 콜레스테롤 수치를 떨어뜨리는데 도움을 주고 고지혈증 개선에 효과가 있다고 해요.

☀ **당뇨 예방** 쌀은 감자나 밀가루, 옥수수 등 다른 전분 식품들에 비해 인체 내 인슐린 분비를 덜 자극하는 것으로 알려져 있어요. 혈당량의 급격한 증가를 초래하지 않으므로 비만은 물론 당뇨병의 예방에도 효과적이랍니다.

☀ **항산화 효과** 쌀에는 비타민 E나 오리자놀(orizanol, 쌀겨 추출물) 같은 항산화제가 다량 함유되어 있어요. 이러한 항산화제는 노화를 막아주고 동맥경화증을 예방해줘요.

☀ **풍부한 식이섬유** 쌀은 식이섬유의 공급원으로서도 중요한 역할을 해요. 쌀의 식이섬유는 에너지를 내지 않으면서 포만감을 주고, 장운동을 촉진해 줍니다. 또한 유해물질을 흡착하여 인체에 흡수되는 것을 막고 변비를 예방하는 등의 효과도 있지요.

☀ **다이어트 효과** 쌀눈에 들어있는 옥타코사놀(Octacosanol, 항스트레스 작용 및 피로 회복작용) 성분은 근육 내 글리코겐 저장량을 무려 30%나 향상시켜 준답니다. 이로 인해 우리의 신체활동을 보다 원활하게 하고, 스트레스를 조절하도록 도와주어 다이어트의 효과까지 기대할 수 있게 되는 것이지요.

처음 만드는 떡, 실패하지 않고 만드는
12가지 기본 스텝

쌀가루 불리기

☀ 좋은 쌀을 충분히 불려서 빻아온 쌀가루로 떡을 만들어요

멥쌀은 하절기에 5시간 이상, 동절기에 7시간 이상, 찹쌀은 4시간 이상 불리는 것이 좋아요. 좋은 쌀로 지은 밥이 맛있듯이, 좋은 품질의 쌀가루로 떡을 만들어야 최고의 떡이 만들어 집니다. 최근에는 인터넷 떡 재료 전문 판매 사이트에서도 직접 방앗간에서 빻아다가 냉동하여 팔기도 한답니다. 가격은 조금 비싸지만 편리해서 저도 가끔 애용하고 있어요.

실온의 쌀가루

☀ 실온의 쌀가루로 떡을 만들어요

냉동실에 보관해 두었던 꽁꽁 언 쌀가루는 반드시 떡을 만들기 1~2시간 전에 미리 꺼내 실온 해동시켰다 사용해야 떡이 설익지 않아요. 전자레인지에서의 해동은 금물! 여름철에 쌀가루가 상할 것 같으면 냉장실에서 해동시켜주세요. 떡을 만들 때는 반드시 실온의 쌀가루를 사용해야 한다는 사실을 기억하세요!

수분 주기

☀ '물 내린다', '수분을 준다'는 표현은 쌀가루에 물을 섞는다는 말이에요

빵을 만들 때에는 버터, 우유 등으로 반죽하지만, 떡을 만들 때에는 주로 물로만 반죽을 해요. 그래서 수분을 얼마나 알맞게 넣었는지에 따라 떡의 성공 여부가 좌우되죠. 떡을 찔 때 수분이 부족할 경우는 떡이 설익고 쉽게 퍽퍽해지며, 반대로 수분이 너무 많을 경우엔 떡이 너무 질어서 죽이 될 수 있어요.

☀ 물의 양은 설기떡의 경우 쌀가루 1컵 당 물 1숟갈이 기준이에요

쌀가루는 쌀을 불린 정도, 쌀의 품질, 계절, 온도 등에 따라 자체적으로 가지고 있는 수분의 양이 다르답니다. 그래서 떡 레시피에는 정확한 수분의 양이 정해져 있지 않아요. 하지만 수분 조절에 서투른 분들을 위해 평균적인 수분의 양을 알려 드릴게요.

> 8시간 불렸다가 30분~1시간 정도 물을 빼고 빻아온 쌀가루 1컵 기준
> 설기떡을 만들 때에는 물 1숟갈, 절편을 만들 때에는 물 1.5숟갈

물은 절대 한 번에 많이 넣지 말고 조금씩 몇 번이고 나눠가면서 천천히 넣어주세요. 물 조금 넣고 골고루 섞어주고, 다시 또 물 조금 넣고 비벼주기를 반복하면 돼요. 어느 정도 되었다 싶으면 쌀가루를 한 손으로 주먹을 쥐듯 쥐었다 펴서 앞뒤로 흔들어 보세요. 이때 뭉쳐진 반죽이 손 위에서 쉽게 부서져 버리면 수분이 부족한 것이니 물을 더 넣어주면 돼요.

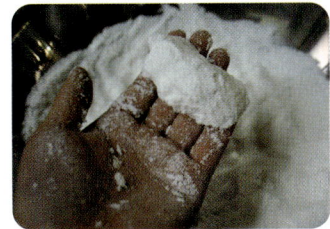

수분 조절

☀ 쌀가루는 반드시 소금과 함께 체에 내려 사용하세요

멥떡을 만들 때 사용하는 체에는 크게 세 가지로 나누어 '굵은체, 중간체, 가는체'가 있어요. 이 중에서 설기 떡을 만들 때에는 기본적으로 '중간체'를 사용하고, 보통 2번 이상 체에 내려주어야 해요.(굵은체는 고물을 내릴 때 사용해요.) 중간체에 한 번 내리고, 가는체에 한 번 더 내리면 힘은 들지만 훨씬 더 찰진 설기 떡을 만들 수 있어요.

체 내리기

멥떡을 체에 내리는 까닭은 쌀가루 사이에 공기를 불어넣어 주기 위해서이기도 하지만, 뭉쳐있는 수분과 소금을 골고루 섞이게 하는 역할도 한답니다. 절대로 힘들고 귀찮다며 체에 내리기를 생략하면 안돼요.

> 단, 찹쌀가루는 소금과 함께 중간체에 딱 한번만 내려주세요. 찹쌀은 멥쌀과 달리 퍼지는 성질이 있거든요. 입자가 지나치게 고운 경우 증기가 빠져나가는 구멍을 막아버려서 떡이 잘 익지 않아요.

설탕 넣기

☀ 설탕은 쌀가루를 체에 내리고서 맨 마지막에 섞어 주세요

　설탕을 쌀가루에 미리 넣어버리면 힘들게 체에 내려 곱게 만든 쌀가루들을 다시 똘똘 뭉치게 만들어 버려요. 이렇게 되면 떡을 쪘을 때 단면이 곱지 않고 구멍이 생겨 울퉁불퉁해지며, 씹는 맛도 좋지 않아요. 쌀가루를 찜기에 안치기 직전에 분량의 설탕을 넣고 손끝으로 재빨리 휘저어 섞고, 섞자마자 바로 찜기에 쌀가루를 안쳐야 뭉치지 않고 쫄깃한 떡을 만들 수 있답니다.

가루 설탕이 아닌 설탕시럽(설탕과 물을 1:1 비율로 섞어 설탕이 녹을 때까지만 끓이다가 식힌 물), 또는 꿀로 수분을 조절하면 설탕 때문에 떡이 질어지는 것을 막아주며, 노화를 늦추어 떡의 촉촉함도 훨씬 오래 유지돼요.

끓는 물솥

☀ 쌀가루를 안친 찜기는 반드시 물솥의 김이 팔팔 오를 때 올려 주세요

　쌀가루를 힘들게 체에 내려 공기를 많이 주었는데 김이 채 오르지 않은 물솥 위에 찜기를 올리면 말짱 헛수고예요. 김이 오르는 동안 쌀가루 속의 공기가 빠져나가서 부드럽고 쫄깃한 맛이 줄어든답니다. 베이킹 할 때 오븐을 예열하는 것처럼, 떡을 찔 때는 쌀가루를 체에 내리기 전에 미리 가스레인지의 불을 켜서 물솥의 물을 충분히 끓여주세요.

김빠짐 방지

☀ 떡을 찌는 동안 김이 새지 않도록 주의해 주세요

　쌀가루를 안치고 찔 때 찜기와 물솥 사이 틈으로 증기가 다 빠져나가면 떡이 익을 수 없어요. 이를 막아주는 역할을 하는 도구가 '찜기 받침(김올라)'인데, 굳이 찜기 받침이 아니더라도 떡 전용 물솥을 사용하면 김이 빠져나가는 것은 방지할 수 있답니다. 떡을 찌다 물이 부족하면 솥이 타버려서 위험할 수 있는데, 반대로 물이 너무 많으면 물이 끓으면서 찜기 아래로 물방울이 튀게 되어, 결국 떡이 질어지는 원인이 돼요. 물솥에 물은 1/2정도를 채워 사용해요.

불의 세기

☀ 떡은 반드시 센 불로만 쪄야 해요

　김이 오를 때 쌀가루를 안친 찜기를 올리고서 떡이 다 쪄질 때까지 불은 계속 센 불로 유지해야 해요. 강한 수증기로 쪄야 쌀 전분의 호화(糊化, 점성이 생김)와 쌀 단백질의 열변성으로 떡의 구조를 단시간에 형성시킬 수 있거든요.

☀️ 스테인레스 틀로 케이크를 찔 때는 식용유나 포도씨유를 가장자리에 살짝 발라 주세요

쌀가루를 틀에 그냥 안치면 나중에 떡을 꺼낼 때 들러붙거나, 가장자리가 설익어서 날가루가 생길 수 있어요. 식용유나 포도씨유를 틀 안쪽에 발라주는 것만으로도 이러한 경우들을 충분히 방지할 수 있답니다. 시룻밑까지도 꼼꼼하게 기름을 발라주면 떡을 꺼낼 때 깔끔하게 떨어져요.

기름 바르기

떡이 다 익은 다음에 5분 정도 뜸을 들였다가 꺼내 주세요

레시피의 정해진 시간만큼 떡을 익히고 불을 끈 다음에는 떡을 바로 꺼내지 말고 5분 정도 뜸을 들였다가 꺼내 보세요. 질감과 맛이 훨씬 더 좋아지는 것을 느낄 수 있을 거예요. 다만 소량(5컵 미만)으로 떡을 찔 때는 굳이 뜸을 들이지 않아도 큰 차이가 나지 않아요.

뜸 들이기

설기떡은 두 번 뒤집어 깨끗한 단면이 위로 가도록 꺼내 주세요

설기떡은 쌀가루를 안칠 때의 윗면이 위로 가도록 꺼내야 단면이 깨끗해서 보기 좋답니다. 평평한 쟁반이나 접시 등을 대고 한 번 뒤집어 꺼낸 후에 시룻밑을 벗겨내고, 떡을 낼 접시를 대어 한 번 더 뒤집어 준 뒤에 틀을 벗겨내면 돼요.

두 번 뒤집기

떡 만들 때 꼭 필요한
기본 도구 소개

찜기

떡을 찔 때는 스테인리스 찜기보다는 나무 찜기를 사용하는 것이 좋아요. 면보를 덮지 않아도 수증기가 바로 나무 뚜껑에 흡수돼 수분을 알맞게 조절해 주거든요. 최근에는 대나무뿐만 아니라 향나무, 전나무 찜기도 많이 사용하는데, 가격은 조금 더 비싸지만 대나무 보다 훨씬 견고해 수명이 길며 나무 특유의 냄새가 덜하답니다. 나무 찜기는 지름이 15cm~30cm까지로 크기가 다양해요. 가정에서 간식용으로 편리하게 사용하기 좋은 크기는 25cm랍니다.

나무 찜기는 어떻게 보관해야 하나요?

찜기는 사용 후에 바로 깨끗이 씻은 후(그대로 오래두면 떡이 들러붙어 잘 떨어지지 않아요.), 완전히 건조시켜서 서늘하고 통풍이 잘되는 곳에 보관해요. 또 완전히 마른 찜기는 비닐에 넣어서 보관하는 것이 아니라 신문지나 한지 등으로 감싸서 보관해야 곰팡이가 생기지 않아요. 찜기는 한번 사면 보통 1년~2년 정도 사용할 수 있는데 어떻게 사용하고 얼마나 보관을 잘 하느냐에 따라서 그 기간은 얼마든지 더 늘어날 수 있답니다.

나무 찜기에 곰팡이가 생겼어요! 버려야 하나요?

찜기는 올바르게 보관해야 곰팡이가 생기는 것을 막을 수 있어요. 또 떡을 만들 때 뿐 아니라 만두나 생선찜 등 여러 가지 찜요리는 물론, 고구마나 호박 등을 쪄 먹을 때도 사용해 보세요. 자주 사용해 줄수록 곰팡이가 생기지 않는답니다. 하지만 부득이하게 곰팡이가 생긴 경우엔 끓는 물솥 위에 찜기를 올려 두고 오랜 시간 쪄서 나무를 충분히 불려주세요. 그런 다음 수세미로 곰팡이가 생긴 부분을 닦아주면 찜기가 다시 깨끗해져요.

찡기를 새로 샀는데 냄새가 나요. 그냥 써도 되나요?

일단 찜기를 고를 때엔 화학처리를 하지 않은 국산 제품을 고르는 것이 좋아요. 되도록이면 세제로 씻는 것은 삼가야 하는데 나무에 세제가 스며들 수 있거든요. 새로 산 찜기는 나무 특유의 냄새가 나는데, 그대로 사용하면 떡에 나무 냄새가 배어 좋지 않아요. 이러한 냄새를 없애려면 물이 끓는 물솥 위에 찜기를 올려 20~30분 정도 찐 후 다시 깨끗한 물에 10분 정도 담갔다가 완전히 말려주면 된답니다. 물솥에 찔 때 물과 함께 식초나 소금, 청주, 숯 등을 함께 넣어주면 더욱 효과가 좋아요. 한번으로 냄새가 가시지 않는다면 두 번 정도 더 반복해 주세요.

물솥

떡을 찔 때 사용하는 물솥은 깊이가 깊은 것이 좋아요. 물이 많이 들어가 오랫동안 김을 올릴 수 있고 김의 세기가 세기 때문에 시간이 절약되거든요. 반면 솥의 깊이가 얕으면 떡을 찌는 동안 끓는 물이 튀어 떡이 질어질 수 있고, 물의 양이 적어 솥이 타거나 떡이 설익게 된답니다.

일반 냄비 대신 전용 물솥을 구입하면 다양한 나무 찜기 크기에 맞춰 테두리가 제작되어 있기 때문에 수증기가 새는 것을 방지해 주어 떡이 고루 잘 익게 돼요. 알루미늄으로 만든 물솥은 스테인리스보다 견고함은 떨어지지만 열전도율이 좋아 물이 끓어오르는 시간을 단축시켜 주지요. 때문에 떡을 찔 때뿐만 아니라 나물을 데치거나 삶는 요리를 할 때에도 정말 유용하답니다.

체

체는 굵기에 따라 굵은체, 중간체, 가는체(또는 고운체)로 나누어지는데 재료에 따라 다르게 사용해야 해요. 떡케이크나 설기떡에 들어가는 멥쌀가루는 중간체에 여러 번 내려주거나 가는체로 내려야 하고, 찹쌀떡 종류는 중간체에 한번만 내려 줘요. 고물은 굵은체에 한 번 내리고, 중간체에 한 번 더 내려주면 좋지요.

시중에 나와 있는 체는 재질에 따라 나무체와 스테인리스체로 나뉘어요. 나무 체는 가격이 저렴하고 가벼운 반면 쉽게 곰팡이가 생기거나 망가질 수 있고, 스테인리스 체는 나무체에 비해 견고하고 보관이 용이하지만 가격이 2~3배정도 높은 단점이 있어요.

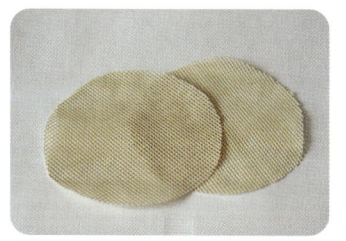

시룻밑

시룻밑은 떡이 찜기에 붙지 않고 쌀가루가 찜기 밑으로 새나가지 않도록 시루나 찜기 밑에 깔아주는 도구예요. 옛날엔 젖은 면보나 구멍 낸 한지를 시룻밑으로 사용했으나 최근엔 실리콘으로 만든 시룻밑을 주로 사용한답니다. 면보는 떡이 잘 달라붙고 쓸 때마다 삶아야 하며 한지는 잘 찢어지는데 비해, 실리콘 시룻밑은 떡이 들러붙는 것을 방지하고 인체에 해가 없으며, 잘 씻어서 보관하면 오래도록 쓸 수 있어요. 떡을 찔 때에는 한 장만 사용하는 것 보다는 두 장을 겹쳐서 사용하면 쌀가루가 빠지지 않아서 더욱 좋아요.

믹싱볼

쌀가루를 체에 내리거나 재료와 섞을 때, 또 수분을 주거나 반죽을 할 때에 필요해요.

사용하는 체보다 지름이 조금 더 큰 볼을 사용하는 것이 쌀가루를 체에 내리기 편리하고, 많은 양의 쌀가루도 한번에 반죽할 수 있어 좋답니다. 또 깨지기 쉬운 유리볼 보다는 스테인리스로 된 제품이 안전하지요.

하나쯤 갖고 있으면 더욱
편리한 도구들

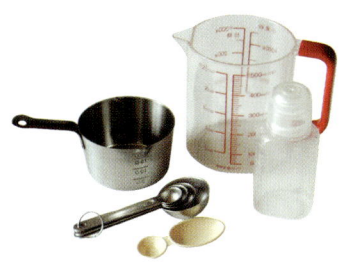

계량스푼과 계량컵

재료들을 정확히 계량할 수 있도록 도와주는 도구들이에요. 계량스푼은 5ml, 15ml 단위로 소량의 재료를 넣을 때 사용하고, 계량컵은 200ml의 1컵 단위로 액체나 쌀가루를 계량할 때 주로 사용한답니다.

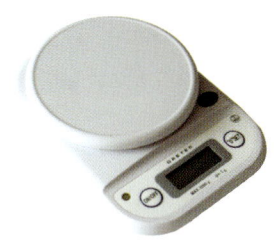

저울

저울은 눈금 저울과 디지털 저울이 있어요. 가격은 조금 더 비싸지만 재료의 양을 정확히 잴 수 있는 디지털 저울이 눈금 저울보다 사용하기에 훨씬 편리해요.

찜기 받침(일명 김올라)

떡 전용 물솥을 사용하지 않을 때 필요한 도구로 지름 34cm 안에 15cm의 동그란 구멍이 있어 가정에 있는 어떤 사이즈의 냄비에도 사용이 가능하도록 만들어져 있어요. 찜기와 냄비 사이로 김이 새지 않아 편리하고 1만원 미만으로 구할 수 있어 가격 또한 저렴하지요.

면보

스테인리스로 된 찜기를 사용할 때는 반드시 뚜껑에 면보를 씌워주어야 떡에 물이 떨어지는 것을 막을 수 있어요. 시룻밑 대신 찜틀에 깔아줄 때에는 물에 적셨다가 꼭 짜내어 사용하도록 하고, 설탕이나 고물을 약간 뿌리고 쌀가루를 안쳐야 많이 들러붙지 않아요. 쪄낸 떡을 식힐 때에도 반드시 젖은 면보로 덮어 충분히 식혀야 떡이 마르는 것을 방지해 주어 쫄깃함을 오래도록 유지시켜 줄 수 있어요.

주걱

양갱을 만들거나 반죽을 섞을 때, 볼 주변을 깨끗하게 긁어줄 때 사용해요. 고무주걱과 나무주걱이 있는데 두 개 다 갖춰두면 편리하죠. 고무주걱은 이왕이면 열에 강한 내열성 주걱으로 구입하는 게 좋아요.

밀대

반죽을 밀어 평평하게 펴거나 모양을 만들 때 사용하는 도구에요. 나무보다는 실리콘 밀대를 사용하면 반죽이 잘 들러붙지 않고 크게 힘들이지 않아도 얇게 밀려서 편리하게 사용할 수 있어요. 믹싱볼과 함께 절구 대신 사용하기도 해요.

스크레이퍼

반죽을 잘라주거나 찰떡을 썰 때 사용해요. 떡을 안치고 윗면을 정리할 때 유용하고, 떡을 만들 때 뿐만 아니라 베이킹을 할 때에도 종종 쓰여요.

붓

틀에 기름을 바르거나 떡에 시럽을 발라줄 때 주로 사용해요. 베이킹할 때에도 필요하고요.

떡비닐

떡비닐은 일반 비닐보다 크기가 크고 두툼해 찰떡을 꺼내거나 썰 때, 모양을 잡을 때, 틀에 떡을 넣어 굳힐 때 사용해요.

떡전용 장갑

장갑의 끝부분에 특수처리가 되어 있어 찜기에서 방금 꺼낸 떡반죽을 치댈 때 사용해요. 손이 데이지 않도록 도와주고 떡이 잘 들러붙지 않아 실용적이랍니다.

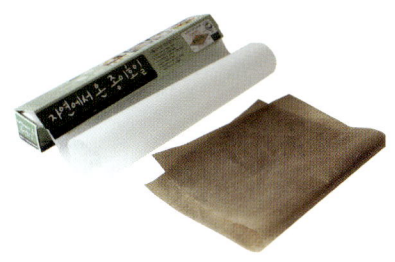

데프론시트와 종이 포일, 유산지

실리콘패드 대신 바닥에 깔고 떡을 반죽하기도 하고, 베이킹 할 때 팬에 깔아 사용하기도 해요. 특히 데프론시트는 사용 후엔 깨끗하게 씻어 보관하면 반영구적으로 재사용할 수 있다는 장점도 있지요. 또 종이 포일은 선물할 때나 샌드위치 등을 포장할 때 포장지 대신 사용해도 정말 멋스러워요.

식힘망

떡보단 쿠키나 빵을 굽고 난 후에 사용하는 도구예요. 막 구워져 나온 빵이나 쿠키를 뜨거운 팬에 그대로 두면 습기로 인해 눅눅해지기 쉽거든요. 식힘망은 높이가 높을수록 더욱 쉽게 식힐 수 있다는 것도 참고하세요.

실리콘패드

치는 떡을 만들거나 찰떡을 만들 때 비닐이나 포일보다 실리콘패드를 깔고 작업을 하면 떡도 잘 들러붙지 않는데다 바닥이 고정되어 떡을 훨씬 쉽게 만들 수 있어요.

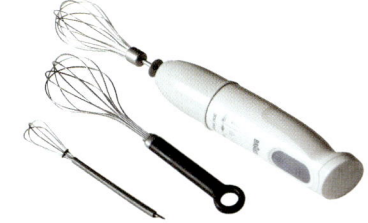

거품기와 핸드믹서

재료를 잘 섞어주고 덩어리지지 않게 풀어주는 도구로 떡을 만들 때보다 베이킹을 할 때 주로 사용한답니다.

타이머

떡을 찔 때에는 타이머로 시간을 맞추어 두면 떡을 찌는 동안 다른 재료들을 준비할 수 있고, 떡이 설익거나 질어지는 것을 방지할 수도 있어요.

포장용 비닐봉투

떡은 낱개로 포장해 두면 선물하기에도 좋고, 찰떡의 경우엔 얼려두었다가 하나씩 꺼내 전자레인지에 돌려 먹으면 편해요.

더 예쁜 떡을 만들어 주는
모양 도구들

떡틀

주로 스테인리스 재질로 되어 있는 떡틀은 기본적인 원형에서부터 사각, 매화꽃, 하트 등 모양이나 크기가 다양해서 원하는 모양대로 떡을 쪄낼 수 있어요. 그냥 사용하면 떡틀에 닿는 쌀가루들이 말라서 날가루가 생기게 되므로 떡을 찌기 전에 반드시 기름을 발라서 사용해야 해요. 최근에는 다양한 모양의 실리콘 틀이 나오고 있어 별다른 장식 없이도 화려한 모양으로 떡을 쪄낼 수 있답니다.

구름떡틀

쪄서 만드는 찰떡류를 보다 예쁘게 만들기 위해 필요한 도구예요. 기름을 바른 떡비닐을 깔고 갓 쪄낸 찰떡 반죽을 채워 담은 후에 냉동실에서 30분~1시간정도 굳혔다가 썰어내면 네모반듯한 찰떡을 만들 수 있지요.

모양틀

떡을 찍어내거나 쿠키를 구울 때, 약과를 만들 때도 사용하면 모양 그대로 만들어져 훨씬 예쁘고 맛있어 보여요.

고명틀

떡을 만들고서 장식을 할 때 사용해요. 돌려깎기한 대추나 밀대로 얇게 민 반죽에 찍어주면 예쁜 모양이 되지요.

바람떡틀(개피떡틀)

바람떡을 찍어낼 때에 사용하는 틀이에요. 떡과 떡이 잘 붙고 떡 속에 공기를 가득 품을 수 있도록 해줘요.

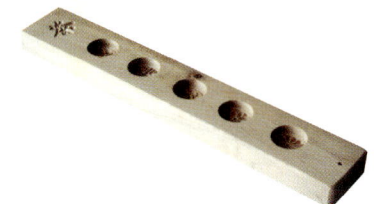

다식틀

다식을 만들 때 필요해요. 양면 또는 단면으로 되어있고, 모양도 굉장히 다양하답니다. 기름을 발라 들러붙지 않도록 하거나 랩을 깔고 모양을 찍어내면 어렵지 않게 다식을 만들 수 있어요.

강정틀

틀에 기름을 바른 비닐을 깔고 설탕시럽에 졸여낸 재료를 부어준 뒤 살짝 굳혔다가 썰어내면 네모 모양의 강정이 만들어져요. 강정뿐 아니라 찰떡의 모양을 잡아주거나 양갱을 만들 때에도 사용할 수 있어요. 눈금이 나와 있는 제품이면 더욱 편리하답니다.

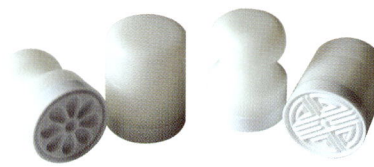

떡도장(떡살)

절편 등의 표면을 눌러 여러 가지 모양을 새길 때 쓰는 도구예요. 전통적인 방법으로 만들어진 나무로 된 떡살도 있지만, 최근엔 플라스틱이나 실리콘으로도 제작되어 나오고 있어 사용과 보관이 용이해졌어요.

짤주머니와 깍지

짤주머니에 깍지를 끼운 다음 내용물을 담아 모양을 꾸밀 때 주로 사용해요. 짤주머니는 나일론이나 일회용 비닐 등 다양한 소재의 제품이 나오고 있어요.

일회용 틀

종이나 포일로 만들어 져서 일회용으로 사용할 수 있는 틀이에요. 약식을 만들어 담기도 하고, 쌀가루로 베이킹을 할 때에도 그대로 찜기나 오븐에 넣어 만들 수 있어 편리하답니다.

디저트컵

미니 사이즈 떡케이크나 약식을 담을 때 사용하면 예쁘게 포장할 수 있어요. 컵과 함께 맞는 사이즈의 뚜껑도 함께 구입해 덮어주면 떡이 잘 마르지 않아 더욱 좋아요.

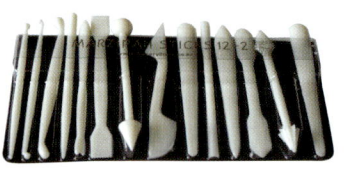

마지팬스틱

떡을 빚어 예쁜 모양을 낼 때 사용하면 더욱 정교한 모양을 표현할 수 있어요.

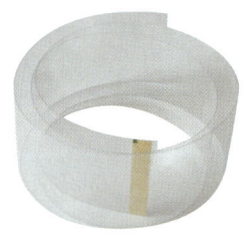

무스띠

무스를 올리는 떡케이크를 만들 때에 꼭 필요한 도구에요. 반드시 쪄낸 떡의 가장자리에 무스띠를 단단히 둘러 준 후에 끓여 만든 무스를 부어야 해요.

타르트틀

테두리 부분이 주름 모양으로 되어있어서 타르트를 구울 때 좋아요. 찹쌀을 반죽해 구워 만드는 케이크나 타르트, 키시를 만들 때 사용해요.

케이크상자

케이크를 선물 할 때에는 떡이 마르지 않도록 수분을 흡수해 버리는 종이상자보다 플라스틱으로 된 상자를 이용하는 것이 좋아요. 뚜껑이 투명해 속이 훤히 보여서 케이크를 더욱 돋보이게 해주고요.

떡에 색과 맛을 불어 넣는
색색의 천연 재료들

딸기가루

체리가루

동결건조딸기파우더

홍국쌀가루

백련초가루

붉은색

딸기가루 딸기주스나 딸기우유를 만들 때 사용하는 가루로 예쁜 핑크빛이 돌아요.

체리가루 체리주스나 체리에이드 등을 만들 때 사용해요. (딸기가루보다 더 진한 붉은빛이 나요.)

생딸기 강판이나 믹서에 딸기를 그대로 갈아서 사용해요. (변색 방지를 위해 레몬즙을 첨가해요.)

동결건조딸기파우더 딸기를 얼려 건조시킨 후에 곱게 갈아 만드는 가루예요.

비트 비트의 껍질을 벗긴 다음 강판에 갈아 즙을 내 사용하거나 비트가루를 이용해요.

오미자 물과 오미자를 동량으로 넣어 하룻밤 우려낸 뒤 걸러 사용해요.

홍 파프리카 반을 갈라 씨를 제거하고 물을 조금 넣어 믹서에 갈아준 뒤에 체에 걸러요.

당근 깨끗이 씻어 강판에 갈아낸 뒤 면보를 이용해 즙만 짜내 사용해요.

홍국쌀가루 누룩을 발효시켜 만든 붉은 빛의 쌀을 곱게 갈아 만든 가루예요.

백련초가루 선인장의 열매로 얇게 썰어 말린 다음 곱게 갈아 만든 가루예요. (열에 약해 색이 누렇게 변하기 때문에 오랫동안 찌는 떡에는 사용하지 않아요.)

단호박

단호박가루

노란색 물이 우러난 통치자

송화가루

노란색

단호박 껍질을 벗겨내고 씨를 제거한 뒤에 쪄낸 단호박을 으깨어 사용하거나 단호박가루를 이용해요.

통치자 깨끗이 씻어 반으로 쪼개 미지근한 물에 담가 노란색 물을 우려내거나 치자가루를 이용해요.

송화 봄에 채취하는 소나무의 꽃가루인데, 주로 다식을 만들 때 사용해요.

쑥가루

녹차가루

시금치가루

녹색

쑥 쑥을 소금물에 살짝 데친 뒤 그늘에 건조시켜 절구에 빻거나 쑥가루를 이용해요.

녹차가루 찻잎을 그늘에 말려 절구에 빻아 체에 내리고 가루로 만들어 사용하거나 요리용 녹차가루를 이용해요.

시금치가루 시금치에 물을 넣고 믹서에 곱게 갈아 면보로 즙만 짜내 사용하거나 시중에서 판매하는 시금치가루를 이용해요.

청콩가루 청태라 불리는 푸른 콩을 볶아 갈아서 만든 가루로 인절미를 만들 때 사용해요.

자색고구마가루

포도가루

레드와인

보라색

자색고구마가루 자색의 고구마를 얇게 썰어 그늘에 말린 다음 곱게 갈아 만들어요.

흑미 흑미를 물에 불려 빻아 쌀가루와 섞어 사용하거나 흑미가루를 이용해요.

포도가루 포도주스를 만들 때 사용하는 가루로 조금만 사용해도 진한 보라색이 나요.

레드와인 설탕과 함께 졸여 알코올 성분을 날린 후 사용해요.

코코아

계피가루

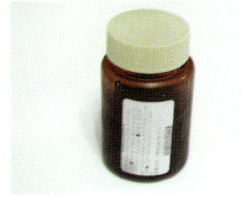

커피시럽

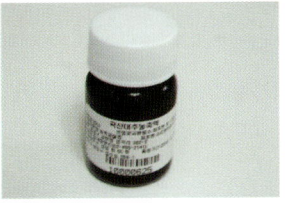

대추진액

갈색

코코아 코코아를 만들 때 쓰는 가루보다는 요리용으로 만들어진 무가당 제품을 사용하는 것이 좋아요.

계피가루 향긋한 계피향을 원할 때 사용하는 것으로 조금만 넣어도 계피향이 진하답니다.

커피 인스턴트커피를 물에 타서 사용하거나 커피 엑기스, 커피 시럽을 사용하면 풍부한 커피 향을 낼 수 있어요.

대추 씨를 제거한 대추를 말려 건조시킨 다음 곱게 가루를 내 사용하거나 대추진액, 직접 만든 대추고를 이용해요.

흑임자가루

검정색

흑임자 팬에 볶아 찜통에 쪄낸 다음 절구에 빻고 체에 내려 사용하거나 흑임자가루를 이용해요.

석이버섯 깨끗이 손질하여 말린 다음 분쇄기나 절구에 빻아 체에 내려 사용해요.

맛과 영양을 더하는 재료들
견과류 & 건과일

호두

호두는 고소한 맛과 뛰어난 영양으로 늘 구비해 두고 있다가 속 재료로 사용하면 좋아요. 다만 껍질에서 떫은 맛이 날 수 있어 끓는 물에 살짝 데쳤다가 사용해야 해요. 특히 찰떡에 마른 호두를 그대로 사용하면 호두 틈 사이에 날가루가 들어가 떡이 잘 익지 않을 수 있으니 꼭 설탕시럽에 데쳐서 사용하세요.

대추

대추는 떡과 맛이 잘 어울리고 색이 고와 고명으로도 자주 사용되지요. 호두와 마찬가지로 찰떡에 사용할 때는 설탕시럽에 데쳐서 사용해야 날가루가 생기는 것을 막을 수 있어요. 대추는 알이 굵고 색이 붉은 것을 고르되, 속살이 검은 빛깔을 띠고 있거나 만졌을 때 푹신하고 눌러서 금방 올라오지 않는 것은 물을 먹인 것일 수 있으므로 고를 때 주의하세요.

잣

젖은 수건으로 비벼 먼지 등 이물질을 제거하고 고깔이 있다면 반드시 떼어서 사용하도록 해요. 고명으로 사용할 때는 그대로 사용해도 되지만 너무 크다면 반을 갈라 비늘 잣을 만들어 사용하기도 하지요.

아몬드

통 아몬드는 호두보다 훨씬 단단하기 때문에 찌는 떡보다는 주로 오븐으로 구워서 만드는 베이킹을 할 때에 많이 사용해요. 떡에 사용할 때에는 얇게 슬라이스 된 제품이나 가루 형태로 이용한답니다.

피칸

호두와 비슷한 생김새를 가졌지만 더 납작하고 길쭉해요. 피칸은 그대로 먹어도 쓰거나 떫은 맛이 없어 호두 대용품으로 자주 사용되지요. 가격은 호두보다 조금 더 비싸답니다.

땅콩

땅콩은 주로 볶아서 껍질을 벗겨내고 다져서 사용해요. 껍질이 벗겨진 것으로 구입하면 기름이 산화되어 오래된 기름 냄새가 날 수 있으니 오래 두고 먹을 것이라면 껍질이 있는 채로 구입하는 것이 좋아요.

호박씨

대추 고명과 함께 자주 사용되는 호박씨는 떡의 고소한 맛을 살려주기도 하지만, 녹색 빛깔과 납작한 모양을 살려 그대로 떡 위에 얹으면 떡이 훨씬 먹음직스러워 보인답니다. 고명으로 사용할 때는 얇게 반을 갈라 주어 더욱 깔끔하고 예쁘게 장식해 주세요.

피스타치오

호박씨보다 조금 더 밝은 녹색을 띄는 것으로 특유의 고소한 맛이 일품이랍니다. 노란 빛깔의 떡에 잘게 다져서 장식하면 떡의 노란빛이 더욱 돋보여요.

코코피넛

커피 맛이 가미된 달콤한 땅콩분태예요. 그대로 먹어도 맛있지만 팥앙금과 함께 떡소로 사용하거나 멥쌀가루에 섞어 설기떡으로 쪄내도 참 맛있답니다.

무화과

톡톡 터지는 알갱이가 씹는 맛을 살려주는 역할을 해요. 바짝 마른 꼭지는 딱딱할 수 있으니 반드시 잘라내고 사용해야 해요.

건포도

달콤한 맛을 더해주고 떡에 부족할 수 있는 비타민을 보충해 주는 역할을 하는 재료랍니다. 주로 찰떡보다는 설기떡에 많이 사용해요.

크랜베리

붉은빛이 나고 새콤한 맛이 강한 크랜베리는 항산화 효과가 뛰어나고 비타민이 풍부해요. 치즈와 함께 사용하면 맛있는 퓨전떡으로 만들 수 있어요.

희동이식 떡 & 쌀베이킹 간단 계량법

잠깐!
정확한 계량이 필요한 재료는 그램(g), 밀리리터(ml)로 표시했어요.

계량스푼을 사용하는 것이 떡과 베이킹을 할 때 좋은 맛을 내는 기본이지만 집에서 간단히 만들어 먹을 때는 일일이 계량스푼을 이용하는 게 번거롭게 느껴질 수 있어요. 아래와 같이 밥숟가락으로 계량했을 때의 분량을 한 번 알아두면 계량스푼 없이도 밥숟가락과 찻숟가락만으로 계량을 쉽게 할 수 있답니다. 이 책에서는 되도록 밥숟가락과 찻숟가락, 종이컵으로 계량 단위를 표시하였고 부득이 정확한 계량이 필요한 곳에만 정확한 수치를 표시하였어요.

숟가락으로 쉽게 하는 것도 좋지만 그래도 집에 계량스푼이 있다면 꼭 한 번 이용해 보세요. 자꾸 습관을 들이다보면 오히려 정확한 계량이 요리에 편하고 요리 실력도 눈에 띄게 향상될 거예요.

계량스푼 & 밥숟갈 계량하기

1숟갈=1큰술=15ml

밥숟가락으로 수북하게 담아 주세요.

0.5숟갈=0.5큰술=7.5ml

밥숟가락으로 2/3 정도 담아 주세요.

1찻숟갈=0.5작은술=2.5ml

찻숟가락으로 약간 수북이 담아 주세요.

계량컵 사용하기

계량컵 한 컵=200ml

재료를 수북이 푼 다음 젓가락을 이용해 윗면을 깎아 평평하게 해 주세요.

종이컵으로 1컵 계량하기

가루 종류는 종이컵에 약간 넘치게 수북이 담아 주세요.

액체 종류는 종이컵에 가득 담아 주세요.

쌀가루 만들기
거피고물 만들기
녹두고물 만들기

PART1

희동이네
떡방앗간

모든 떡의 기본이 되는
베이스재료 만들기

통팥고물 & 앙금 만들기
통조림밤 만들기
대추꽃 만들기

대추고 만들기
잣가루 만들기
강정시럽 만들기

쌀가루 만들기

○ **떡방앗간 스토리**

떡을 만들기 위해서 가장 기본이 되는 것!
우선 쌀가루부터 준비를 해야겠지요?
쌀가루를 어떻게 준비해야 하는지
차근차근 그 궁금증을 풀어 드릴게요.

★ **재료 준비 끝!**

쌀가루 10~12컵 분량

물에 불리지 않은 쌀 · · · · · · 1kg(약 5컵 정도)
물	
소금 · 1숟갈

♥ **희동이만 따라와~**

1 멥쌀을 씻어 돌을 걸러내고 8시간 동안 불려요.

▶ 적어도 5시간 이상 불려야 하고, 불리는 동안 먼지가 들어가지 않도록 면보로 덮어주세요.(자기 전에 씻어서 불려두고 아침에 일어나 방앗간에서 빻아 오는 게 편해요.)

• **하절기** 5~8시간 **동절기** 8~12시간
찹쌀일 경우 4~6시간

• 멥쌀 1kg(5컵) 정도를 불려서 빻으면 약 10~12컵 정도의 쌀가루가 된답니다.

2 불린 쌀을 체에 밭쳐 30분~1시간 정도 물기를 빼주세요.

3 물기를 뺀 쌀을 큰 볼에 담아 먼지가 들어가지 않도록 잘 밀봉하고, 가까운 방앗간에 가져가요.

▶ 집 근처의 어느 떡집에 가져가도 괜찮지만, 바쁜 시간에는 잘 빻아주지 않는 곳도 있어요.
▶ 설기 떡을 만들 거라고 말하면 대부분 알아서 잘 해주시는데, 소금만 넣고 물은 넣지 말아달라고 꼭 말씀하세요.

• 쌀을 충분히 불렸기 때문에 물을 더 넣으면 냉동실에서 보관하기에 좋지 않아요.

▶ 빻는 가격은 3kg 정도에 보통 2000원~4000원까지로 지역, 가게, 쌀의 양에 따라 차이가 있을 수 있어요.
▶ 바람불이가 가능하다면 바람불이도 함께 해달라고 하세요. 훨씬 고운 쌀가루가 된답니다.

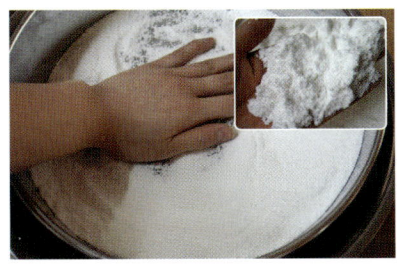

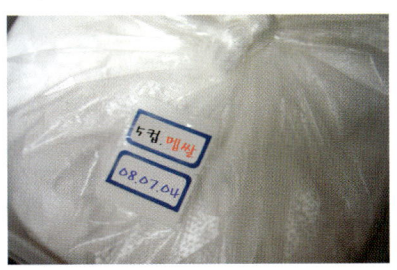

4 방앗간에서 갓 빻아온 쌀은 고운 가루가 아니라 쌀이 얇고 넓게만 퍼져 있는 넓은 지우개 고물과 비슷한 상태에요. 집에 오자마자 반드시 중간체에 한 번 이상 내려서 고운 가루로 만들어야 해요.
▶ 바람불이를 해 온 경우는 이 과정을 생략해도 돼요.
▶ 체에 잘 내려지지 않는 덩어리들은 아깝게 버리지 마세요. 따로 모아두었다가 절편을 만들 때 쓰면 좋답니다.

5 필요한 만큼 계량해서 비닐 팩에 나눠 담아요.
▶ 기본적으로 원형틀 1호에는 4컵, 2호에는 5컵이 들어간답니다.
　• 1컵 = 200㎖ 기준
▶ 가루는 눌러서 담지 말고, 컵 윗면을 살살 수평으로 깎아 계량하면 돼요.
▶ 계량컵이 없다면 종이컵, 우유 200㎖ 팩을 활용해도 양은 같답니다.

6 가루로 만들어진 쌀가루는 비닐로 코팅할 수 있는 견출지에 쌀가루의 양, 종류(멥쌀과 찹쌀 구분), 보관 날짜 등을 기록해서 붙여주세요.

희동이의 요리팁

쌀을 빻을 때 소금간을 미리 하지 않았다면 쌀가루 10컵당 소금 1숟갈 분량으로 간을 해서 반드시 쌀가루와 함께 체에 내려 사용하도록 하세요.

✓ 봉지에 담은 채로 공기를 빼어 밀봉하고, 한 번 더 밀폐용기에 담아 냉동실에 보관합니다.
　(공기가 통하지 않도록 주의하지 않으면 떡에서 냉동실 냄새가 풀풀 나게 돼요.)
✓ 쌀가루는 반드시 냉동보관! 사용할 때는 2~3시간 전에 실온에 꺼내 충분히 해동시켜 사용해야 떡이 설익지 않아요.
✓ 최근에는 떡 재료 전문 쇼핑몰에서 전용 쌀가루를 판매하고 있으니, 직접 빻아오는 것이 번거롭다면 구입해서 사용하세요.

멥쌀가루가 검정색으로 변함

찹쌀가루가 적갈색으로 변함

멥쌀가루와 찹쌀가루 구분하기
멥쌀과 찹쌀은 가루 상태에서는 열로 익혀보기 전까지는 눈으로 구분할 수가 없어요. 보관할 때는 반드시 견출지에 표시해 두어야 하지만 적어두는 것을 깜빡했다면, '빨간약(요오드)'이라고 불리는 소독약을 이용해서 구분해요. 빨간약을 떨어뜨렸을 때 멥쌀가루는 검정색으로 색이 변하는데 비해 찹쌀가루는 소독약 색인 적갈색 그대로 변하지 않아요.

거피고물 만들기

○ 떡방앗간 스토리

떡을 만들 때 소나 고명으로
가장 많이 쓰이는 거피고물을 집에서
직접 만드는 방법이에요.
자주 애용하게 될 테니 한 번 배울 때
확실히 익혀두어 맛있는 떡을 만들어 보세요.

★ 재료 준비 끝!

불리지 않은 거피팥 · · · · ·	800g(약 4컵 정도)
소금 · · · · · · · · · · · · · · · · ·	1숟갈

♥ 희동이만 따라와~

1 거피팥에 넉넉히 물을 붓고 최소 6~8
시간 정도 불린 후 손으로 비벼 껍질
을 벗겨요.(하절기에는 4~6시간)

2 체를 다른 그릇에 받쳐 껍질만 살살
걸러낸 후에 잿물은 다시 부어 같은
방법으로 껍질을 걸러내요.
▶ 이 과정을 여러 번 반복해 껍질을 제거해요.

3 껍질을 어느 정도 걸러내면 깨끗한
물에 헹구고 체로 일구어 돌을 골라
내요.
▶ 마트에는 포장제품이 있지만 시장에서 구입한
경우는 체로 일궈야 해요.

4 깨끗해진 거피팥을 체에 30분간 밭쳐 물기를 완전히 제거해 주세요.
▶ 물기를 완전히 빼고 쪄야 질어지는 걸 방지할 수 있어요.

5 찜틀에 젖은 면보를 깔고 거피팥을 담아 김이 오른 물솥 위에 올려 40~50분간 쪄요.
▶ 손으로 만져 쉽게 으깨지면 다 익은 것으로, 오래된 것이거나 수입된 팥일수록 더 오랜 시간이 걸리지만, 지나치게 오래 찌면 질어지고 색도 탁해지니 시간을 지켜 주세요.

6 다 쪄진 거피팥은 바로 볼에 옮겨 담아 소금을 넣고 섞어서 수증기를 날려 보내요.
▶ 소금은 뜨거울 때 넣어야 간이 잘 배고, 수증기는 충분히 날려 보내야 팥이 질지 않아요.

7 수증기를 날려준 거피팥은 방망이로 곱게 으깨요.

8 고물용 굵은체에 내려주고
▶ 손 대신 주걱으로 내려야 팥이 상하지 않아요.

9 중간체에 한 번 더 내려 곱게 만들어 주세요.
▶ 떡 속에 넣을 소로 만들 때에는 이 과정을 생략해도 돼요.

희동이의 요리팁

✓ 매번 떡을 만들 때마다 팥고물을 따로 만들려면 떡 만들기가 번거롭게 느껴질 수 있어요.

✓ 한 번 만들 때 넉넉히 만들어 두었다가 한 김 식힌 후에 1~2컵씩 나누어 담고 단단히 밀봉하여 냉동실에 보관해 두세요. 사용할 때는 실온에서 충분히 녹였다 쓰면 편리하답니다. 소금만으로도 충분히 구수한 맛을 내지만 설탕을 넣을 경우에는 반드시 떡을 만들 때 넣어 주어야 팥이 질지 않아요.

녹두고물 만들기

● 떡방앗간 스토리
여러 가지 고물 중에서도 가장 고급스러운
느낌을 주는 녹두고물이에요.
노란 빛깔이 떡을 더욱 맛있게 보이도록
해줄 거예요.

★ 재료 준비 끝!
불리지 않은 녹두 · · · · · · · 800g(약 4컵 정도)
소금 · 1숟갈

♥ 희동이만 따라와~

1 녹두에 물을 넉넉히 붓고 6~8시간 정
도 불린 후 손으로 비벼 껍질을 벗겨요.

2 체를 다른 그릇에 받쳐 껍질만 살살
걸러낸 후에 잿물은 다시 부어 같은
방법으로 껍질을 걸러내요.
▶ 이 과정을 여러 번 반복해 껍질을 제거해요.

3 껍질을 어느 정도 걸러내면 깨끗한
물에 헹구고 체로 일구어 돌을 골라
내요.

4 깨끗해진 녹두를 체에 30분간 받쳐 물기를 완전히 제거해 주세요.

▶ 물기를 완전히 빼고 쪄야 질어지는 걸 방지할 수 있어요.

5 찜틀에 젖은 면보를 깔고 녹두를 담아 김이 오른 물솥 위에 올려 40~50분간 쪄요.

▶ 손으로 만져 쉽게 으깨지면 다 익은 것으로, 오래된 것이거나 수입된 콩일수록 더 오랜 시간이 걸리지만, 지나치게 오래 찌면 질어지고 색도 탁해지니 시간을 지켜 주세요.

6 다 쪄진 녹두를 바로 볼에 옮겨 담아 소금을 넣고 섞어서 수증기를 날려 보내요.

▶ 소금은 뜨거울 때 넣어야 간이 잘 배고, 수증기는 충분히 날려 보내야 녹두가 질지 않아요.

7 수증기를 날려준 녹두는 방망이로 곱게 으깨요.

8 고물용 굵은체에 내려주고

▶ 손이 아닌 주걱으로 내려야 녹두가 상하지 않아요.

9 중간체에 한 번 더 내려 곱게 만들어 주세요.

▶ 떡 속에 넣을 소로 만들 때에는 이 과정을 생략해도 돼요.

희동이의 요리팁

✔ 거피고물과 만드는 방법이 똑같아요. 한 번 만들 때 넉넉히 만들어 두었다가 1~2컵씩 나누어 담아 단단히 밀봉하여 냉동실에 보관해두고 사용할 때에는 실온에서 충분히 녹여서 쓰면 편리하답니다.

✔ 녹두고물과 거피고물은 상온에 오래두면 쉽게 상할 수 있어요. 때문에 되도록 더운 여름철에는 통팥고물을 이용해 떡을 만드는 것이 좋아요. **통팥고물 38쪽 참고**

통팥고물 & 앙금 만들기

○ 떡방앗간 스토리

통팥 찹쌀떡과 팥시루떡을 만들 때 꼭 필요한
통팥고물과 통팥앙금 만들기 과정이에요.
통팥앙금은 통팥고물에 꿀만 첨가하면
되니까 통팥고물 만드는 과정을 기본으로
삼으면 돼요. 생각만 해도 달콤한 두 가지를
한꺼번에 배워 봐요.

★ 재료 준비 끝!

통팥고물

팥 ·	2컵
소금 ·	0.5숟갈
설탕 ·	2숟갈

통팥앙금

팥 ·	2컵
소금 ·	0.5숟갈
설탕 ·	2/3컵
꿀 ·	5숟갈

♥ 희동이만 따라와~

1 냄비에 깨끗이 씻은 팥과 팥이 잠길
정도의 물을 부어 삶다가 물이 끓으
면 그 물을 따라 버려요.

▶ 팥은 사포닌이라는 성분 때문에 첫 번째 삶은
물은 떫은 맛이 나므로 반드시 버리고 다시 삶아
요.

2 물을 따라 버린 후 다시 팥의 5~6배
정도의 물을 붓고 팥알이 한두 알씩
터지기 직전까지 삶아주세요.

▶ 팥에 따라 30분~1시간 정도의 시간이 걸려
요.

3 팥이 물러지고 물이 자작해지면 설탕
과 소금을 넣고 팥을 으깨면서 수분
이 없을 때까지 졸여내요.

▶ 군데군데 통팥이 보이게끔 으깨야 씹히는 맛
이 좋아요. 이때 냄비의 밑이 타지 않도록 주의
하세요.

▶ 통팥앙금을 만들 때는 여기에 마지막으로 꿀
넣는 과정을 추가해서 한 번 더 졸여내면 돼요.

희동이의 요리팁

✔ 팥 2컵을 삶으면 분량이 2배로 늘어나서 4컵 정도의 양이 나오니 쓸 분량을 잘 생각
해서 만들어 두세요.

✔ 팥앙금은 시중에서 판매하는 것으로 통팥앙금과는 달라요.

통조림밤 만들기

○ 떡방앗간 스토리

떡 요리에 아주 자주 쓰이는 재료중 하나인
통조림밤! 보통 통조림을 사서 사용하기도
하는데 직접 만들면 훨씬 맛있고 건강에도
좋겠죠? 사서 쓰지 말고 간단하게 집에서
만드는 법을 알려 드릴게요.

★ 재료 준비 끝!

	약 20~25개
껍질깐 밤	250g
통치자	2개
설탕	5숟갈
물엿	2숟갈
꿀	1숟갈

♥ 희동이만 따라와~

1 물 1/2컵에 통치자를 띄워서 물을 우려내요.

▶ 손으로 치자 속을 눌러주면 노란 물이 더 잘 배어 나와요.

2 밤은 겉껍질과 속껍질을 모두 벗겨내고 팔팔 끓는 물에 살짝 데쳐요.

▶ 미리 껍질을 벗겨둔 밤은 물에 담가둬야 빛깔이 변하지 않아요.

3 데쳐낸 밤을 체에 걸러 물기를 제거해주고 다시 냄비에 밤을 넣고 물 1.5컵과 치자물 1/2컵을 부어주세요.

4 여기에 설탕 5숟갈을 넣고 젓지 않은 채 센 불에 올려 끓여줍니다. 설탕이 완전히 다 녹으면 불을 낮추고 거품은 걷어내고, 물엿 2숟갈을 넣어 조금 더 끓이다가 꿀 1숟갈을 넣어 끓여요.

5 시럽이 자작한 상태까지만 끓여내면 통조림밤이 되고, 밤 표면에 반짝거리는 윤기가 날 때까지 더 졸여내면 달콤한 밤초가 돼요.

희동이의 요리팁

보관할 때는 시럽도 버리지 말고 같이 보관해야 마르거나 상하지 않아요. 오래 사용하려면 냉동실에 넣어 보관해 주세요.

대추꽃 만들기

유자약식 (142쪽)

간편 약식 (54쪽)

● 떡방앗간 스토리

보기 좋은 떡이 맛도 더 좋다는 말이 있어요.
같은 떡이라도 이왕이면 예쁘게 장식을
해주어야 더욱 맛있고 고급스럽게
느껴진답니다. 예쁜 떡의 고명으로 많이
쓰이는 대추꽃을 만들어 봐요.

★ 재료 준비 끝!

대추 ·······················	적당량
칼	
밀대	
고명틀	

♥ 희동이만 따라와~

1 대추는 젖은 면보로 겉면을 깨끗이
닦아 틈 사이에 낀 먼지를 제거해 주
고, 돌려깎기해서 살만 발라내요.

▶ 절대 물에 씻으면 안돼요. 바짝 마른 대추는
물을 곧바로 흡수해 버리거든요.

2 살만 발라낸 대추를 밀대로 밀어 납
작하게 만들어 주세요.

▶ 밀대로 밀어준 후 돌돌 마는 대신 고명틀을 이
용해 찍어내기도 해요.

3 돌려깎기한 대추를 끝에서부터 잡고
돌돌 말아 내요.

▶ 작은 크기의 대추를 사용할 때는 1개를 돌돌
말고 난 뒤, 그 위로 또 한 개를 덧대어 말아주는
것도 좋아요.

4 두께 1.5~2mm 정도가 되도록 얇게
썰어내면 꽃모양이 돼요.

▶ 떡 위에 붕 떠있는 두꺼운 고명은 예쁘지 않으
니 최대한 얇게 썰어내세요.

5 호박씨로 잎을 만들어 함께 장식해
줘요.

▶ 호박씨도 얇게 반을 갈라 올려주면 더 예뻐요.

희동이의 요리팁

발라낸 대추씨는 버
리지 말고 지퍼락에
따로 담아 냉동실에
꾸준히 모아두세요.

약밥을 만들 때 대추씨를 넣고 끓인 물
을 사용하면 훨씬 더 맛있고, 씨를 많이
모으면 대추고를 만들 수도 있지요.

대추고 만들기

◦ **떡방앗간 스토리**

약편이나 약식을 만들 때 사용하는 대추고는
대추를 설탕과 함께 졸여내는 것이에요.
넉넉히 만들어 두면 뜨거운 물만 부어
대추차로 즐겨도 좋고, 떡이나 빵에 잼 대신
발라 먹어도 맛있어요. 예쁜 병에 담아
선물해도 좋아요!

★ **재료 준비 끝!**

약 30~35개

대추	100g
물	5~7컵
설탕	1/2컵

♥ **희동이만 따라와~**

1 젖은 면보로 깨끗이 닦아낸 대추
100g을 준비해요.
▶ 돌려깎은 대추씨를 모아 두었다가 함께 넣어
만들면 더욱 좋아요.

2 깨끗하게 손질한 대추는 살을 발라
내고 2~4등분으로 잘라주면 고아내
는 시간을 줄일 수 있어요.

3 냄비에 대추살과 씨를 넣고 물을 부
어 중약불로 졸여 1~2시간 정도 고
아 체에 밭쳐 걸러주세요.
▶ 수분이 적은 대추일 경우 물이 많이 필요하므
로 넉넉히 넣어요.
▶ 남은 찌꺼기는 버려요.

4 걸러 낸 대추에 설탕을 넣고 주걱으
로 저어가며 충분히 끓이다가 잼처
럼 졸아들면 완성이에요.
▶ 걸러낸 대추는 끓이는 동안 튈 수 있으니 높이
가 깊은 냄비를 사용하는 것이 좋아요.

희동이의 요리팁

좋은 대추 고르는법
대추를 만졌을 때 푹신하고 눌러도 올라오지 않는 것은 무게를 늘리기 위해 물을 먹였
을 가능성이 있어요. 속살이 검은 빛을 띠면 좋은 대추가 아니랍니다.

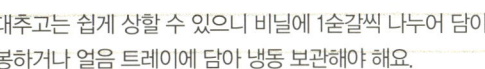

대추고는 쉽게 상할 수 있으니 비닐에 1숟갈씩 나누어 담아 밀
봉하거나 얼음 트레이에 담아 냉동 보관해야 해요.

잣가루 만들기

○ **떡방앗간 스토리**
백설기를 찔 때 잣가루를 더해 쪄내면
잣에 들어 있는 기름 성분이 유화제 역할을
해서 떡이 굳지 않도록 도와줍니다.
잣가루 만들기를 잘 기억해두었다가
꽃절편 미니잣설기 168쪽를 만들어 보세요.

★ **재료 준비 끝!**
잣 ························· 적당량
한지(또는 기름종이, A4용지)
밀대
도마
칼

♥ **희동이만 따라와~**

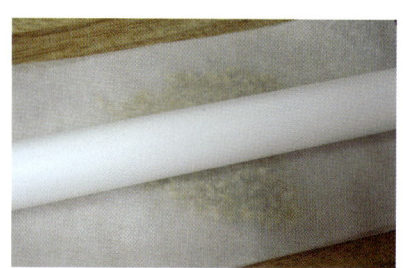

1 물기를 꼭 짠 젖은 면보에 잣을 쏟아서 조심스럽게 닦아내고, 고깔이 붙어있다면 떼어내요.

2 종이 두 장 사이에 손질한 잣을 넣고 밀대로 두 번 정도 밀어내 으깨 주세요.

3 잣이 어느 정도 으깨지고 기름이 종이에 스며들면 2에서 사용한 종이를 도마 위에 깔고 칼로 마저 곱게 다져내요.
▶ 다지는 동안 종이에 기름이 흡수되면서 잣가루가 보슬보슬해 져요.

희동이의 요리팁

잣가루는 공기와 접하면 산화되기 쉬워요. 사용하고 남은 잣가루가 있거나 한번에 많이 만들어 놓은 경우엔 반드시 밀폐용기나 공기가 통하지 않는 비닐에 넣어 냉동보관하도록 하세요.

강정시럽 만들기

○ **떡방앗간 스토리**
통아몬드 강정 242쪽과 꽃강정 243쪽,
커피강정 244쪽을 만드는 데 사용하는
시럽이에요. 이것도 미리 미리 만들어
두는 게 훨씬 편하겠죠?
여러 가지 강정에 응용해 보세요.

★ **재료 준비 끝!**

물	1컵
설탕	1컵
물엿	3컵
꿀	3숟갈

♥ 희동이만 따라와~

1 냄비에 물 1컵과 설탕 1컵을 넣어 젓지 말고 그대로 불에 올려 끓여주세요.

2 설탕이 녹으면 물엿 3컵과 꿀 3숟갈을 넣고 시럽의 높이를 표시해 두세요.
▶ 끓는 상태에서는 정확한 높이를 알기 어려우니 불을 잠시 끈 후 확인해요.

3 ②에서 표시한 높이보다 1/3~1/2 정도로 줄 때까지 약한 불에서 끓여내세요.

희동이의 요리팁

✓물과 설탕을 넣고 끓일 때는 절대로 설탕을 휘젓지 않도록 주의하세요. 설탕이 빨리 녹으라고 습관적으로 젓게 되는 경우가 많은데 나중에 식으면서 설탕이 결정으로 변해 강정이 깨끗하게 만들어지지 않는답니다.

희동이네 떡방앗간

PART2

초보자도 한 번에 OK!
종류별 떡 만들기

찌는 떡

우리나라 떡의 가장 기본으로 쌀가루만을 이용하거나 부재료를 섞어 물을 내린 후
시루에 안쳐 수증기로 익혀 내는 떡

- **설기떡(백설기)** 멥쌀가루에 물을 내려서 한 덩어리로 쪄내는 떡
- **켜떡** 멥쌀이나 찹쌀가루 사이에 팥이나 거피 등의 고물을 여러 켜로 얹어 가며
  쪄 내는 떡
- **증편** 막걸리로 발효시켜 여름에 자주 만들어 먹는 떡
- **송편** 멥쌀가루를 반죽해 콩·깨·밤 등의 소를 넣고 빚어 먹는 떡
- **약식** 찹쌀을 가루로 내지 않고 간장으로 간을 해 만드는 떡

치는 떡

찹쌀이나 멥쌀을 쪄낸 후에 뜨거울 때 쳐서 만드는 쫄깃한 맛의 떡

- **인절미** 찹쌀로 쪄낸 떡에 고물만 묻혀 만드는 떡
- **단자** 쳐낸 떡에 소를 넣거나 부재료를 첨가해 빚은 다음 고물을
  묻혀내는 떡
- **절편** 멥쌀로 쪄낸 떡을 쳐서 만드는 떡

지지는 떡

끓는 물로 익반죽한 찹쌀 반죽을 모양내어 기름에 지져내는 떡

- **부꾸미(전병)** 팥 등의 소를 넣고 반을 접어 모양을 만드는 떡
- **화전** 계절에 따른 다양한 꽃을 고명으로 올리는 떡
- **주악** 기름에 지져 꿀이나 시럽을 발라내는 떡

삶는 떡

주로 찹쌀을 원형으로 익반죽하여 끓는 물에 삶아내는 떡

- **경단** 동그랗게 빚어 끓는 물에 삶아 고물을 묻혀 만드는 떡

사랑을 부르는 이름
러브러브 백설기

● 떡방앗간 스토리

떡의 가장 기본이라는 백설기에
사랑이라는 양념을 조금 더해
하트모양이 앙증맞은 미니설기로
만들어 보았어요.
쌀이 가진 고유의 맛을 그대로
느낄 수 있는 백설기에 사랑이
더해지면 어떤 맛일지
궁금하지 않으세요?

★ 재료 준비 끝!
사각틀 1호 기준
미니 백설기 9조각

소금 간 된 멥쌀가루 · · · · · · · 5컵
설탕 · · · · · · · · · · · · · · 5숟갈
딸기가루 · · · · · · · · · 1찻숟갈
물 · · · · · · · · · · · · · 5~6숟갈
A4종이(또는 아크릴 모양판)

1 소금 간 된 쌀가루를 체에 남는 것 없이 모두 내려주세요.
▶ 주로 알갱이가 큰 소금이 위에 남기 때문에 그냥 버리면 싱거워져요.
물을 한 번에 넣지 말고 수분을 보아가며 조금씩 넣고 손바닥으로 비벼주세요.

2 ①의 쌀가루를 1/2컵만 덜어 다른 볼에 담고 딸기가루를 넣어 손바닥으로 고루 비벼 가루에 색을 내준 뒤 체에 2번 정도 내려서 곱게 만들어 주세요.

3 미리 식용유를 살짝 발라둔 시룻밑과 사각틀을 찜기에 차례로 넣고 ②에서 준비해 둔 쌀가루에 설탕을 넣어 손으로 고루 섞은 후 바로 틀 안에 안쳐요.
▶ 찜기에 안칠 때 반드시 시룻밑이나 젖은 면보를 깔아야 쌀가루가 새지 않아요. 시룻밑과 사각틀에 식용유를 발라야 날가루를 방지하고 떡을 깨끗하게 꺼낼 수 있어요.

4 쌀가루를 안칠 때 손바닥으로 꾹꾹 누르면 떡이 설익을 수 있으니 살포시 담아 틀 안에 얌전히 채워 준 다음 윗면은 스크레이퍼(scraper, 기계로 깎거나 줄질한 면을 다시 정밀하게 다듬는 데 쓰는 칼)나 명함 등으로 깨끗하게 정리해 주세요.

5 쌀가루를 안친 찜기 위에 깨끗한 체를 엎어 올리고 그 위로 하트로 모양 낸 종이를 올린 후 ②의 분홍색 쌀가루를 한 하트당 1~2찻숟갈씩 솔솔 뿌려 모양을 내요.
▶ 모양을 내는 동안 종이가 움직이지 않도록 주의하세요. 하트가 두꺼워지면 예쁘지 않으니 너무 많은 쌀가루를 뿌리지는 말아요.
▶ 종이 대신 아크릴 모양판을 사용하면 좋아요.

6 다시 종이와 체를 벗기고 칼로 조심스럽게 9등분으로 칼집을 내줘요.
▶ 칼집을 미리 내어 쪄내면 떡의 단면이 깨끗하게 잘려져서 나온답니다.
찜기의 뚜껑을 덮어 팔팔 끓고 있는 물솥 위에 올려 15~20분간 쪄내요.
▶ 떡은 뒤집어 꺼냈다가 시룻밑을 벗겨낸 후 한 번 더 뒤집어 하트모양을 위로 꺼내요. 사각틀은 마지막에 벗겨야 떡이 으깨지지 않아요.

희동이의 요리팁

백설기의 알맞은 수분 정도는?

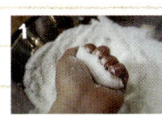 

✔ 쌀가루에 덩어리가 생기지 않도록 손바닥으로 고루 비벼주다가 주먹으로 가루들을 쥐었다 펴서 앞뒤로 두세 번 흔들었을 때 뭉쳐진 덩어리들이 깨지지 않는 정도로 조절하면 돼요. 만약 덩어리가 깨진다면 수분이 부족한 것이므로 물을 더 넣어주어야 해요. 반대로 덩어리가 뭉쳐져서 바로 송편 모양으로 빚어진다면 너무 질다는 뜻이에요.

✔ 설기류는 미리 만들어 두면 금방 딱딱하게 굳어서 떡을 쪄낸 후 하루 이내에 먹는 것이 가장 좋아요. 떡을 쪄낸 다음에 젖은 면보를 덮어 식히면 수분이 날아가는 것을 막아주어 노화를 늦추는 데 도움을 줄 수 있답니다. 남은 떡은 냉동실에 넣어두었다가 먹기 전에 랩이나 젖은 키친타월을 씌워서 전자레인지에 돌리면 간편하게 먹을 수 있어요.

샤방샤방
3색 무지개설기

● **떡방앗간 스토리**
평범한 무지개떡은 가라!
색깔별로 뜯어 먹는 재미가
쏠쏠한 무지개떡을 화사한
파스텔톤으로 만들어 봤어요.
촌스럽고 칙칙한 무지개색이
아니라 샤방샤방 빛나는
컬러가 예쁜 떡이에요.

★ **재료 준비 끝!**

사각틀 1호 기준

소금 간 된 멥쌀가루 · · · · · · 5컵
딸기가루 · · · · · · · · · 1찻숟갈
포도가루 · · · · · · · · · 4찻숟갈
설탕 · · · · · · · · · · 5~6숟갈
물 · · · · · · · · · · · 5~6숟갈

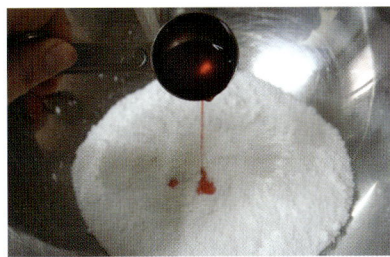

1 멥쌀가루는 체에 내려 3등분해서 하나는 그대로 두고 다른 하나는 딸기가루 1찻숟갈과 물 0.5숟갈을, 또 다른 하나는 포도가루 4찻숟갈과 물 1숟갈을 개어 넣어 비벼 섞어요.

2 각각의 색이 고루 나면 부족한 수분을 물로 조절해 주고, 흰색-분홍색-보라색 순으로 각각 체에 내려 준비해요.
▶ 밝은 색부터 체에 내려야 색이 서로 섞이지 않아요.

3 모두 체에 내렸으면 각각 설탕을 1~2숟갈씩 섞어 쌀가루 준비를 마무리해요.

4 시룻밑을 깔아둔 찜기에 사각틀을 올리고 식용유를 시룻밑과 틀에 고루 발라주세요.

5 틀에 포도가루로 물들인 쌀가루, 딸기가루로 물들인 쌀가루, 흰색 쌀가루 순서로 안친 다음 표면을 고르게 정리해요.

6 뚜껑을 덮고 물이 끓고 있는 물솥 위에 올려 15~20분간 쪄내요.

희동이의 요리팁

딸기가루와 포도가루 대신 녹차가루, 자색고구마가루, 단호박가루, 코코아가루 등을 이용해 더욱 더 다양한 색으로 무지개떡을 만들 수 있어요. 재료만 바꾸어 그대로 응용하면 되니까 겁내지 말고 취향대로 색을 골라 도전해보세요.

보기에도 좋은 영양떡
단호박 녹두설기

● **떡방앗간 스토리**

호박은 다이어트 식품으로
인기를 누리고 있죠. 뛰어난
이뇨작용으로 몸의 부기도
빼주고 카로틴이 풍부해서
피부미용에도 좋아요.
노란 빛이 너무나 예쁜 단호박과
녹두고물을 더해 맛과 영양이
배가 되도록 만들었어요.

★ **재료 준비 끝!**

지름 15cm 찜기 2개 분량

소금 간 된 멥쌀가루	4컵
단호박	1/3개+1/3개
설탕	2숟갈
고명용 단호박	조금

녹두고물

소금 간 된 녹두고물	2컵
설탕	2숟갈

녹두고물 만들기는 36쪽 참고

1 단호박은 반을 갈라 씨를 제거하고 껍질을 벗겨 1/3개만 푹 찐 다음, 쪄낸 단호박은 체에 내려두고, 나머지 단호박 1/3개는 잘게 채 썰어 익히지 않고 그냥 둬요.
▶ 채 썬 단호박은 나중에 떡 속에 넣어서 같이 찔 거예요.

2 쌀가루와 체에 내린 단호박을 섞어 수분을 조절해 주고 체에 두세 번 정도 더 내려요.
▶ 수분은 단호박만으로 충분한데 부족할 경우는 물을 조금 넣어요. 단호박은 수분의 정도를 봐가면서 조금씩 넣어주세요.

3 체에 내린 쌀가루에 채 썰어 둔 단호박을 고루 섞어두세요.

4 찜기에 시룻밑을 깔고, 녹두고물에 설탕을 섞어 1/2컵만 먼저 안치고, 그 위로 ③의 쌀가루의 1/2에 설탕 1숟갈을 섞어 안쳐요.
▶ 단맛이 싫다면 설탕은 굳이 넣지 않아도 구수하고 맛있어요.

5 마지막으로 녹두고물 1/2컵을 안치고 표면을 정리해서 김 오른 물솥 위에 올려 15~20분간 쪄내면 돼요.
▶ 남은 쌀가루와 녹두고물로 과정 4~5를 반복해서 한 번 더 쪄내요.
▶ 지름 15cm 찜기 2개로 찌는 대신 원형틀 2호에 녹두고물 1컵-쌀가루 4컵-녹두고물 1컵 순으로 안쳐 한 번에 쪄내도 돼요.

6 떡이 쪄지는 동안 단호박을 껍질째 얇게 슬라이스 해 설탕물(설탕 : 물 = 1 : 1 비율로 섞은 것)에 졸여내 단호박 정과를 만들어, 돌돌 말아 꽃모양으로 장식하면 예쁘답니다.

희동이의 요리팁

포장 비법

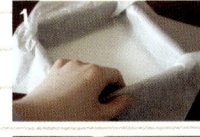

1 네모난 상자에 종이 포일을 깔아주세요.
2 쪄낸 단호박 녹두설기를 한 김 식혀냈다가, 종이 포일 위에 담아요.
3 남는 종이는 위로 감싸서 떡을 가만히 포개어 주고 뚜껑을 덮어요.
4 종이 노끈을 이용해 열십자로 묶고 여분의 노끈으로 한 번 더 묶어요.
5 종이 노끈의 말린 부분을 손으로 펴서 꽃모양으로 만들어 주면 간단하면서도 예쁘게 포장할 수 있어요.

행운을 부르는
팥시루떡

찌는떡

● **떡방앗간 스토리**

예전에는 이사를 하거나
개업을 할 때면 꼭 팥시루떡을
돌리곤 했었잖아요.
붉은색의 팥이 나쁜 잡귀를
막아준다는 미신 때문이라고
해요. 쌀에 부족한 비타민 B1을
팥이 보충해 주어 영양분의
소화 흡수에도 도움을 준답니다.

★ **재료 준비 끝!**

지름 15cm 찜기 2개 분량

소금 간 된 찹쌀가루	3컵
소금 간 된 멥쌀가루	2컵
설탕	3숟갈
물	3~4숟갈

통팥고물

팥	2컵
소금	0.5숟갈
설탕	2숟갈

통팥고물 만들기는 38쪽 참고

1 찹쌀가루와 멥쌀가루를 섞어 물로 수분을 조절해 체에 한 번만 내려두고 통팥고물도 미리 만들어 두세요.
▶ 찹쌀가루와 멥쌀가루의 비율은 원하는 만큼 조절해도 돼요. 대신 멥쌀의 비율이 줄어들수록 수분의 양도 조금 더 줄여주세요.

2 찜기에 시룻밑을 깔고, 통팥고물 만들어 둔 것 중 1/2컵을 먼저 안쳐요.

3 통팥고물 위로 ①의 쌀가루 1/2에 설탕 1.5숟갈을 섞어 모두 안쳐주세요.
▶ 팥의 구수한 맛을 살리기 위해서는 설탕을 넣지 않아도 좋아요.

4 마지막으로 통팥고물 1/2컵을 한 번더 올려 김 오른 물솥 위에 올려 20~25분간 쪄내요.
▶ 남은 쌀가루와 통팥고물로 과정 2~4를 한 번더 반복해서 쪄내요.

희동이의 요리팁

원형틀 2호에 통팥고물을 세 켜로 나누어 한 번에 쪄내도 돼요. 체에 내린 쌀가루를 2등분 하고, 준비한 통팥고물은 3등분한 뒤에 '고물-쌀가루-고물-쌀가루-고물' 순으로 안쳐서 쪄내면 된답니다.

전기밥솥으로 만드는
간편 약식

찌는떡

◑ 떡방앗간 스토리

약식은 달콤하고 알알이
쫄깃하게 씹히는 찹쌀 맛을
더욱 좋게 만드는 떡이에요.
찜기를 이용하지 않고서도
간단히 전기밥솥으로 맛있게
만드는 방법을 알려드릴게요.

★ 재료 준비 끝!

지름 25~30cm 찜기 1개 분량

물에 불리지 않은 찹쌀 · · · · · · · ·	
· · · · · · · · · · · · · · · · ·	3컵(500g)
간장 · · · · · · · · · · · · ·	3숟갈
대추고 · · · · · · · · · · ·	2숟갈
꿀 · · · · · · · · · · · · · ·	3숟갈
황설탕 · · · · · · · · · · ·	2/3컵
물 · · · · · · · · · · · · · ·	1.5컵
계피가루 · · · · · · · · · ·	2찻숟갈
통조림밤 · · · · · · · · · ·	10개
대추 · · · · · · · · · · · · ·	8개
호박씨 · · · · · · · · · · ·	1숟갈
잣 · · · · · · · · · · · · · ·	1숟갈
호두 · · · · · · · · · · · · ·	8개
참기름 · · · · · · · · · · ·	2숟갈

대추고 만드는 법은 41쪽 참고

1 찹쌀을 깨끗이 씻어 최소 4시간 이상 ~하룻밤 정도 충분히 불리고 체에 밭쳐 30분간 물기를 빼주세요.

2 통조림밤은 6등분하여 잘라두고, 대추는 돌려깎기하여 8등분, 호두는 4등분, 잣은 고깔을 떼고, 호박씨도 미리 준비해요.

3 냄비에 간장과 대추고, 꿀, 황설탕, 계피가루, 물을 모두 넣고 중간 불에서 설탕이 충분히 녹을 때까지 젓지 않은 채 끓여 캐러멜소스를 만들어요.

4 전기밥솥에 물기를 뺀 찹쌀과 ③에서 만든 캐러멜소스, ②에서 준비해둔 속 재료들을 모두 넣고 섞어 잡곡모드로 약식을 익혀주세요.

5 완성된 약식은 뜨거울 때 참기름을 넣어 잘 섞어주고 원하는 틀에 랩을 깔고 담아 모양을 만들어요.
▶ 충분히 식힌 후에 먹어야 쫄깃해요.

희동이의 요리팁

✔ 원형틀에 굳혀내면 근사한 약식 케이크로 만들 수 있답니다.
✔ 한 번에 넉넉히 만들어 두었다가 냉동실에 얼려두면 아침식사 대용으로 정말 좋아요.

쫀쫀하고 향긋한
쑥개떡

❂ 떡방앗간 스토리
곰이 사람이 되기 위해 100일
동안 먹었다던 쑥은 우리나라
역사의 시작과 함께 등장하는
오래된 식물이죠.
쑥으로 떡을 찌면 특유의 향과
초록 빛깔을 그대로 간직해
더욱 좋답니다. 쑥가루를
이용해 4계절 내내 간편하게
만들어 보세요.

★ 재료 준비 끝!
약 15~18개 분량

소금 간 된 멥쌀가루 ·······	5컵
끓는 물 ·······	9~10숟갈
쑥가루 ·············	0.5숟갈
참기름 ·············	적당량
팥배기 ·············	조금
설탕 ·············	3숟갈

1 멥쌀가루와 쑥가루를 섞어 체에 내려
준 뒤 설탕을 더해 끓는 물로 익반죽
해요.
▶ 단것을 싫어한다면 설탕은 굳이 넣지 않아도
돼요.
▶ 쑥가루 대신 생쑥을 데쳐서 사용하면 더욱 좋
아요.

2 반죽은 손으로 오래 치대어 한 덩어
리로 뭉쳐주세요.
▶ 오래 반죽할수록 더욱 쫄깃쫄깃해져요.

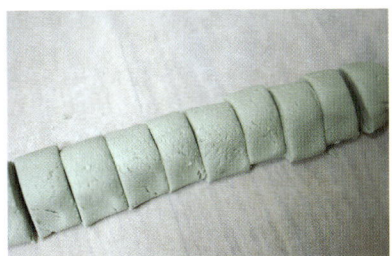

3 반죽을 길게 늘여 일정한 두께로 썰
어주세요.
▶ 이렇게 해야 쑥개떡을 동일한 크기로 만들 수
있어요.

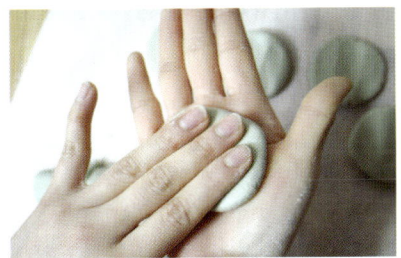

4 썰어낸 반죽을 동그랗게 굴린 뒤 손
바닥으로 눌러 납작하게 해주고, 손
가락 세 개를 꾹 눌러 모양을 내요.
▶ 작업하는 동안 반죽이 마르지 않도록 젖은 면
보나 비닐을 덮어주세요.

5 팥배기를 얹어 살짝 눌러 모양을 내
주고, 김 오른 물솥 위에 올려 15~20
분간 쪄낸 뒤 꺼내어 식혀요.
▶ 팥배기는 직접 만들거나 **통팥 찹쌀타르트 216
쪽 참고**, 떡 재료 전문 쇼핑몰에서 구입해서 사
용해요.

6 떡 겉면에 참기름을 발라 윤기를 내
주세요.
▶ 쪄낸 떡은 바로 먹는 것보다 한 김 식혀내고
먹어야 쫄깃함이 더해요.

희동이의 요리팁

✓ 봄에 나는 생쑥으로 쑥개떡을 만들면 더욱 맛이 좋아요.

희동이의 생쑥 손질 · 보관법

재료 쑥 150g, 식소다 1찻숟갈, 찬 물

✓ 끓는 물에 소금이나 식소다(선명한 초록색을 내는 데 도움을 줌)를 조금 넣고 쑥 씻은 것을 넣어 뒤집어 준 다음 바로 빼내어 찬 물에 담
가요. 이때 찬 물은 얼음을 더해 최대한 넉넉히 준비해서 빨리 냉각시켜야 갈변현상을 막을 수 있어요. 이렇게 데친 쑥 150g을 쑥가루 대
신 넣어 익반죽해 쪄내면 향도 더욱 진하고 색도 예쁜 쑥개떡으로 만들 수 있어요.

✓ 데친 쑥을 보관할 때는 찬 물에 헹군 뒤 너무 꼭 짜지 말고 적당히 물기가 있는 상태에서 그대로 비닐에 담거나 밀폐용기에 넣어 냉동실
에 보관하면 돼요. 물기가 없으면 냉동실에 보관하는 동안 색도 물러지고, 쑥 자체도 더욱 질겨져서 좋지 않거든요.

입을 즐겁게
깨찰편

● 떡방앗간 스토리
찹쌀가루에 흑임자고물과
흰깨고물을 넣고 돌돌 말아
만드는 떡으로 고소한 맛이
일품이에요. 입이 심심할 때
영양 간식으로 먹기에도 좋고
손님이 오셨을 때 다과상에
곁들여도 좋을 전통 메뉴랍니다.

★ 재료 준비 끝!
사각틀 1호 기준
소금 간 된 찹쌀가루 · · · · · · · 5컵
물 · · · · · · · · · · · · · · 2~3숟갈
흰깨고물
볶은 흰깨 · · · · · · · · · · · · 1컵
설탕 · · · · · · · · · · · 1/4~1/3컵
소금 · · · · · · · · · · · · · · · 약간
흑임자고물
볶은 검은깨 · · · · · · · · · · 1/2컵
설탕 · · · · · · · · · · · 1/4~1/3컵
소금 · · · · · · · · · · · · · · · 약간

1 볶은 흰깨와 검은깨를 각각 믹서에 설
탕, 소금을 넣어 곱게 갈아 준비해요.
▶ 기호에 따라 설탕의 양은 조절해서 넣어요.

2 찹쌀가루를 체에 한 번 내려주고, 수
분은 **백설기 46쪽 참고**에서의 수분보
다 조금 덜 넣어 고루 섞어요.

3 찜기에 시룻밑을 깔고 기름 바른 사
각틀을 올린 뒤, 준비한 흰깨고물의
반을 바닥에 고루 깔아주세요.

4 준비한 찹쌀가루의 반을 흰깨고물
위에 고루 깔고, 그 위로 흑임자고물
을 올린 다음, 흑임자고물 위로 나머지
찹쌀가루도 평평하게 틀에 안쳐주세요.
▶ 마지막으로 흰깨고물의 나머지를 찹쌀가루 위
에 안쳐 마무리해요.

5 뚜껑을 덮어 20~25분간 쪄내고 찜
기를 뒤집어 꺼내주세요.
▶ 사진은 쪄낸 후의 모습이에요.

6 꺼낸 떡을 반으로 자르고 밀대로 밀
어 두께를 조금 얇게 만든 다음 끝에
서 부터 돌돌 말아 올려요.
▶ 떡이 뜨거울 때 말아주어야 잘 떨어지지 않아
요. 손을 데이지 않도록 조심!

7 한 김 식힌 후 1cm 정도의 두께로 썰
어내세요.

희동이의 요리팁

✓ 흰깨고물은 넉넉히 준비해 두었다가 포장하기 전에 떡 가장
자리에 한 번 더 묻혀 주면 훨씬 더 깔끔해 보여요.

포장비법
비닐에 담아 노끈으로만 묶어 포장해도 예쁘게 선물할 수
있어요.

단백질 덩어리
서리태 콩찰편

찐눈떡

🔵 떡방앗간 스토리

콩은 밭에서 나는 고기라고 하죠!
그만큼 단백질과 지방,
아미노산이 풍부하다고 해요.
콩을 달콤하게 졸여내고 쫄깃한
찹쌀과 켜를 내어 쪄내면 정말
맛있고 영양 가득한 콩찰편이
된답니다.

⭐ 재료 준비 끝!

사각틀 1호 기준

소금 간 된 찹쌀가루	5컵
물	2~3숟갈

콩조림

서리태	1.5컵
흑설탕	3숟갈
물	1컵
소금	2찻숟갈

캐러멜소스

흑설탕	3숟갈
계피가루	1찻숟갈

1 서리태는 깨끗이 씻어 2/3정도 익도록 삶아 낸 뒤 물기를 빼줘요. 여기에 다시 물 1컵과 흑설탕, 소금을 넣어 물기가 없어질 때까지 충분히 졸여내어 체에 밭쳐두세요.

2 흑설탕 3순갈은 계피가루 1찻순갈과 고루 섞어 주고

3 찹쌀가루는 물로 수분을 조절해 체에 한 번만 내려주세요.

4 시룻밑을 깐 찜기에 기름 바른 틀을 올려 콩조림 1/2을 먼저 안치고 그 위로 흑설탕과 계피가루 섞은 것을 1순갈 뿌려주세요.

5 그 위에 찹쌀가루 1/2을 안쳐주고

6 흑설탕과 계피가루 섞은 것을 1순갈 뿌려 켜를 만든 다음, 다시 그 위로 남은 찹쌀가루, 남은 콩조림을 차례로 올려요. 마지막으로 흑설탕과 계피가루 섞은 것 1순갈을 올리고 김 오른 물솥 위에 올려 20~25분간 쪄내요.

희동이의 요리팁

✔ 쪄낸 떡은 냉동실에서 굳혔다가 기름을 살짝 바른 칼로 썰어내면 예쁘게 조각낼 수 있어요.

✔ 서리태 말고도 여러 가지 콩으로 다양하게 만들어도 좋아요.

캐러멜이 사르르
쇠머리찰떡

❂ 떡방앗간 스토리

떡을 썰어 놓은 모습이
쇠머리편육 같다고 하여
쇠머리찰떡이라는 이름이
붙여졌어요. 충청도에선
모듬백이라고도 불리고,
흑설탕이 녹으면서 생기는
캐러멜향이 달콤해
캐러멜찰떡이라고 부르기도
해요. 이름이 참 다양하죠?

★ 재료 준비 끝!

구름떡틀 小 기준

소금 간 된 찹쌀가루	5컵
흑설탕	1/2컵
서리태 불린 것	1/2컵
완두배기	1/4컵
밤	3개
대추	3개
물	2~3숟갈

1 먼저 떡 속에 들어갈 재료들을 준비
해 주세요. 콩은 깨끗이 씻어 충분히
불려두거나 끓는 물에 살짝 삶아두세요.
밤은 껍질을 벗기고, 대추는 껍질을 젖은
면보로 깨끗이 닦고 돌려 깎아 각각 6등
분으로 잘라준 뒤 설탕물에 데쳐요.
▶ 밤은 미리 **통조림밤 39쪽 참고**을 만들어두면
편리해요.
▶ 마른 대추를 그냥 쓰면 껍질 사이에 쌀가루가
끼어 잘 익지 않는 점 주의해요.

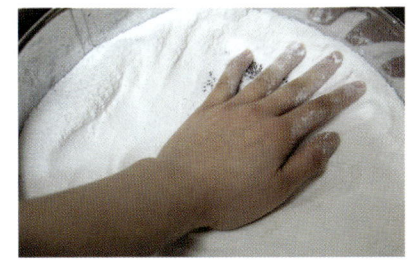

2 찹쌀가루를 체에 한 번 내려준 후에

3 물을 넣고 손바닥으로 고루 비벼 덩
어리들을 풀어준 다음, 쌀가루를 한
주먹 쥐었다 펴서 3번 정도 앞뒤로 흔들
었을 때 덩어리가 조금 깨어지는 정도로
수분을 조절해요.
▶ 찹쌀로 만드는 찰떡은 멥쌀보다는 수분을 조
금 적게 넣어야 해요.

4 여기에 ①에서 준비한 재료와 완두
배기를 모두 넣고 고루 섞어주세요.

5 시룻밑을 깔아둔 찜기에 흑설탕을
고루 뿌려 떡이 바닥에 들러붙지 않
도록 해요.

6 ④의 반을 먼저 안치고 흑설탕을 0.5
숟갈씩 떠서 올려준 뒤 나머지 쌀가
루를 안쳐 또 한 번 흑설탕을 올려주고,
뚜껑을 덮어 팔팔 끓고 있는 물솥 위에
찜기를 올려 20~25분간 쪄내요.

7 기름을 바른 떡 비닐을 틀 위에 깔아
두고, 쪄낸 떡을 담아 냉동실에서 30
분 정도 굳혔다가 썰어내세요.

희동이의 요리팁

갓 쪄낸 떡을 꺼내고 만질 때는 뜨거워서 손이 데일 수 있으니 주의해야 해요. 요리용
실리콘 장갑을 사용하거나 면장갑을 끼고, 그 위로 비닐장갑을 덧대어 낀 뒤 떡이 들러
붙지 않도록 기름을 살짝 발라 사용하는 것도 방법이에요.

건강을 쪄내요
홍국 영양찰떡

● 떡방앗간 스토리
누룩의 일종인 홍국은
콜레스테롤 억제와 혈액순환에
도움을 준다고 해요.
여러 가지 재료에 쌀 자체의
붉은 빛깔이 더해져 한 끼
식사로도 손색없는
영양찰떡이랍니다.

★ 재료 준비 끝!
구름떡틀 小 기준

소금 간 된 찹쌀가루	5컵
홍국쌀가루	2찻숟갈
통조림밤	4개
대추	5개
호두	5개
불린 호박고지	1숟갈
호박씨	1숟갈
팥배기	2숟갈
완두배기	1숟갈
설탕	5숟갈
물	2~3숟갈

1 떡 속에 들어가는 재료들을 손질해 주세요.
• 대추는 돌려깎기하여 호두와 함께 설탕물에 살짝 데쳐 각각 6등분하여 잘라둬요.
• 호박고지는 물에 불려두었다가 물기를 꼭 짜내 대강 썰어 준비해요.
• 팥배기와 완두배기는 시판 제품을 사용해요.
• 밤은 설탕물에 졸여내 만든 것을 4~6등분해요.
통조림밤 만들기는 39쪽 참고

2 찹쌀가루와 홍국쌀가루를 섞어 체에 한번만 내리고 물을 더해 수분을 조절해 주세요.

3 ①의 준비한 재료들을 넣고 섞어준 뒤 설탕 4숟갈을 넣어 마저 섞어 주세요.

4 시룻밑을 깔아둔 찜기에 설탕 1숟갈을 뿌려 떡이 들러붙지 않도록 한 뒤 ③의 쌀가루를 안쳐요.
▶가운데 부분은 증기가 올라올 수 있도록 구멍을 내주면 더욱 좋답니다.
뚜껑을 덮고 팔팔 끓는 물솥 위에 찜기를 올려 20~25분간 쪄내요.

5 떡이 쪄지는 동안 구름떡틀에 기름칠을 한 떡비닐을 깔아두고,

6 쪄낸 떡을 틀에 담고 냉동실에서 30분~1시간 정도 굳혀 주세요.

7 떡을 꺼내 일정한 두께로 썰어내세요.

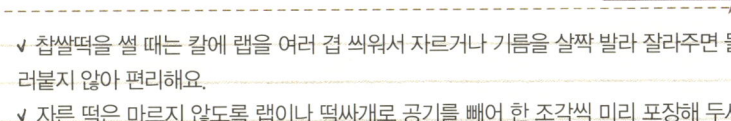
희동이의 요리팁

✓ 찹쌀떡을 썰 때는 칼에 랩을 여러 겹 씌워서 자르거나 기름을 살짝 발라 잘라주면 들러붙지 않아 편리해요.
✓ 자른 떡은 마르지 않도록 랩이나 떡싸개로 공기를 빼어 한 조각씩 미리 포장해 두세요. 밀폐 용기에 담아 냉동실에 얼려두었다가 아침에 한 조각씩 꺼내어 전자레인지에 돌려 먹으면 오전 내내 든든할 거예요.
✓ 남은 홍국쌀가루로는 코코넛 마카롱을 만들어 보세요.
홍국쌀 코코넛 마카롱 208쪽 참고

달콤하게 톡톡톡
무화과 흑미말이

● 떡방앗간 스토리

씹을 때마다 달콤하게 톡톡
씹히는 맛이 재미있는 무화과로
소를 만들고, 돌돌 말아내서
만드는 찰떡이에요.
흑미를 넣고 반죽하면
자연 그대로의 보랏빛이 너무나
아름다운 떡이 돼요.

★ 재료 준비 끝!
약 15~18개 분량

찹쌀반죽

소금 간 된 찹쌀가루	5컵
흑미가루	1/2컵
설탕	2숟갈
물	2~3숟갈

거피팥 소

소금 간 된 거피고물	1컵
통조림밤	3개
호두	5개
무화과	5개
팥배기	2숟갈
꿀	1~2숟갈

거피고물 만들기는 34쪽 참고

1 찹쌀가루와 흑미가루를 섞어 체에 한 번만 내린 후 물을 조금씩 넣어가며 수분을 조절해 주세요.

2 시룻밑을 깐 찜기에 거피고물을 조금 뿌려 바닥에 반죽이 붙지 않도록 해요.

3 ①에 설탕을 더해 찜기에 안치고 김 오른 물솥 위에 올려 20~25분간 쪄 내요.

4 떡이 쪄지는 동안 거피고물에 나머지 재료를 넣는데 꿀로 되기를 조절해 가며 넣어주세요. 한 덩어리로 뭉쳐지면 길게 늘어 놓아요.
• 호두와 무화과는 물1/2컵, 설탕 2숟갈을 '젓지 않고 끓여낸 설탕물'에 넣어 살짝 데쳐내고 4~6등분으로 잘라 사용해요.
• 통조림밤은 6등분으로 잘라주세요.

5 쪄진 떡은 꺼내어 한 덩어리로 뭉쳤다가 넓게 펴서 미리 만들어 둔 소를 올려 말아내요.
▶ 작업대 위에 미리 여분의 거피고물을 조금 뿌려 두어야 떡이 바닥에 들러붙지 않아요.

6 여분의 거피고물을 뿌린 바닥에 한 번 굴려 겉면이 들러붙지 않도록 묻혀주고 1cm 두께로 썰어내세요.

희동이의 요리팁

흑미가루를 구하기 힘들다면 집에서 흑미를 깨끗이 씻어 불렸다가 물기를 뺀 뒤 믹서로 곱게 갈아서 사용하면 돼요.

손모양대로 손맛대로
감자송편

찌는떡

● 떡방앗간 스토리

강원도의 토속음식 중 하나인
감자송편은 손가락 자국이
그대로 살아있는 소박한
모양이 특징이죠. 바로 쪄서
뜨거울 때 먹으면 구수하고
쫄깃하답니다. 저는 쫄깃한
감자녹말에 녹두고물로 속을
채워 만드는 것을 가장 좋아해요.

★ 재료 준비 끝!
약 12~15개 분량

반죽

감자전분 · · · · · · · · · · · · 200g

소금 · · · · · · · · · · · · · 1.5찻숟갈

끓는 물

녹두고물 소

소금 간 된 녹두고물 · · · · · · 1컵

꿀 · · · · · · · · · · · · 1숟갈 정도

녹두고물 만들기는 36쪽 참고

1 소금 간이 된 녹두고물에 꿀을 조금씩 넣어가며 한 덩어리로 뭉칠 수 있게 되기를 조절해요.
▶ 조금씩 떼어 손가락 한 마디 정도의 크기로 동그랗게 소를 빚어두세요.

2 감자전분에 소금을 넣고 끓는 물을 조금씩 넣어가며 익반죽해요.
▶ 반드시 팔팔 끓는 물로 반죽해야 찰기가 생겨 송편으로 잘 빚어져요.
▶ 반죽할 때는 손이 데이지 않도록 수저나 주걱으로 대강 섞은 다음에 손으로 반죽해요.

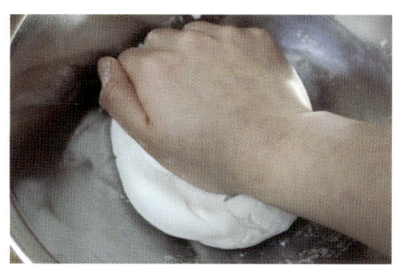

3 반죽의 표면이 부드러워지고 어느 정도 찰기가 생길 때까지 치대어 줘요.
▶ 감자전분 만으로 반죽하기가 까다롭다면 소금 간 된 찹쌀가루를 1/2~1컵 정도 더해 반죽해요.

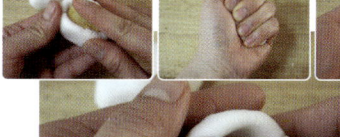 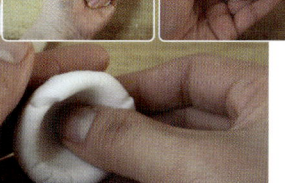

4 반죽을 일정한 크기로 떼어 동그랗게 만들고 엄지손가락으로 구멍을 만들어 소를 넣을 수 있게 만들어요. 미리 뭉쳐둔 소를 넣고 반죽을 오므려 주세요.
▶ 주먹을 쥐듯이 해서 손가락 자국이 남도록 잘 눌러주는데, 손가락 3~4개 정도의 자국이 잘 나오도록 하면 돼요.

5 찜기에 서로 붙지 않도록 적당히 간격을 두어 올려주고 김 오른 물솥 위에 올려 18~20분간 쪄내요.
▶ 간격을 두지 않으면 찌는 동안 부피가 부풀어 올라 서로 붙을 수 있어요.

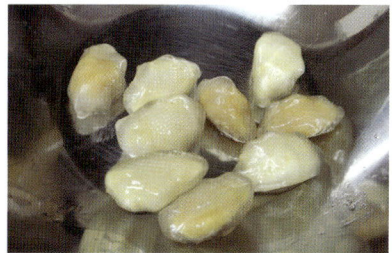

6 쪄낸 떡은 한 김 나가면 참기름을 발라내요.
▶ 식으면 딱딱하게 굳어버리니 반드시 따끈할 때 드세요.

희동이의 요리팁

감자전분 만들기

감자전분은 마트에서 쉽게 살 수 있지만 집에서 직접 녹말을 만들어 감자송편을 빚어 먹는 것이 훨씬 더 맛있답니다. 수분이 적은 밭감자를 골라 껍질을 벗기고 강판에 간 건더기를 베보자기에 싸서 꼭 짜내어 준 뒤, 그 물을 가라앉혀 웃물을 따라내요. 그 후에 남는 앙금을 말리면 감자녹말이 되는 거예요. 이렇게 해서 만든 녹말은 냉동실에 보관해 두었다가 필요할 때마다 실온에서 해동하여 사용하면 된답니다.

예쁜 딸을 닮은
꽃수송편

◉ 떡방앗간 스토리

한가위하면 빠질 수 없는
음식 중 하나가 송편이죠.
송편을 예쁘게 빚어야 나중에
예쁜 딸을 낳는다는 속설이
있잖아요. 고운 빛깔이 나도록
반죽해 예쁜 꽃수송편을
만들면 혹시 예쁜 딸 낳지
않을까요?

★ 재료 준비 끝!
약 12~15개 분량

반죽
소금 간 된 멥쌀가루 · · · · · · ·3컵
끓는 물 · · · · · · · · · ·6~7숟갈
색내기용 천연가루
단호박가루, 쑥가루, 딸기가루, 자
색고구마가루 · 황치즈가루 · · · · ·
· · · · · · · · · · · · · · · 약간씩

소
볶은 참깨 · · · · · · · · · ·5숟갈
설탕 · · · · · · · · · · · 1~2숟갈
소금 · · · · · · · · · · · · · 약간
꿀 · · · · · · · · · · · · ·1찻숟갈
기타
참기름 · · · · · · · · · · · · ·약간

1 참깨는 빻거나 블렌더에 갈아 설탕과 소금, 꿀을 섞어 소를 준비해 두세요.

2 쌀가루는 단호박가루(노랑), 쑥가루 (녹색), 딸기가루(분홍), 자색고구마 가루(보라), 황치즈가루(주황), 그냥 쌀가 루(흰색)로 6등분해 각각 색을 내고 끓는 물로 익반죽을 해요.
▶ 반죽은 오래 치대어 줄수록 떡이 더욱 쫄깃 해요.

3 색깔별 반죽을 밤알 정도의 크기로 일정하게 떼어내 둥글게 빚은 뒤 가 운데에 소를 넣어요. 엄지와 검지를 이용 해 반죽을 잘 오므려 준 뒤, 검지와 중지, 약지를 이용해 손가락 자국을 내어 그대 로 모양을 내 빚어요.

4 다른 색깔의 반죽을 작은 동그라미 로 5개 떼어낸 뒤 빚은 송편반죽에 붙여 이쑤시개로 꾹 눌러 꽃수를 놓아요.

5 시룻밑을 깐 찜기에 송편을 올려 김 이 오른 물솥 위에서 18~20분간 쪄 내요.

6 다 익으면 대나무 찜틀을 통째로 들 어 찬 물을 끼얹은 후 참기름을 담아 둔 볼에 넣어 고루 묻혀내세요.
▶ 송편은 충분히 식은 다음에 먹어야 더욱 쫄깃 하고 맛있답니다.

희동이의 요리팁

✔ 쑥가루로 녹색을 반죽할 때는 단호박가루를 조금 섞어주면 훨씬 더 예쁜 녹색으로 반죽할 수 있어요.

✔ 솔잎을 구해 떡을 찔 때 같이 넣고 쪄내 보세요. 솔잎의 방부 효과로 떡이 쉽게 상하 는 것을 막아주는 데다가, 향긋한 솔향기가 떡에 배어 더욱 맛있는 송편으로 만들 수 있답니다.

달나라 토끼표
콩고물 인절미

● **떡방앗간 스토리**

달나라 토끼가 쿵더쿵 절구질로
쫄깃한 떡을 만들어 먹었다면?
아마도 그건 콩고물
인절미였을 것 같아요.
찰떡의 쫄깃한 매력을 제대로
즐길 수 있는 떡이 바로 이
인절미일 테니까요.

★ **재료 준비 끝!**

약 20개 분량

소금 간 된 찹쌀가루 · · · · · · 5컵
물 · · · · · · · · · · · · · 2~3숟갈
설탕 · · · · · · · · · · · · · 3숟갈
노란 콩고물 · · · · · · · · · · 1/2컵
청 콩고물 · · · · · · · · · · · 1/2컵
소금물 · 식용유 · · · · · · · · 약간

• 설탕은 기호식품으로 건강을 생각
한다면 굳이 넣지 않아도 되는 재료이
니 입맛에 맞게 조절하세요.

• 콩고물은 인터넷 쇼핑몰이나 가까
운 마트, 방앗간에서 볶은 콩가루를
구입해 사용하세요.

1 찹쌀가루에 물을 넣어 수분을 조절해 주고 체에 한 번만 내려요.
▶ 찹쌀은 체에 여러 번 내리면 수증기가 올라오는 구멍을 막아버려 떡이 잘 익지 않아요.

2 찜기에 식용유를 발라둔 시룻밑을 깔고 ①의 찹쌀가루를 안쳐 20~25분간 쪄요.
▶ 찹쌀을 찔 때 가운데 부분에 빈 공간을 만들어주면 증기가 고루 올라와 떡이 잘 쪄져요.

3 다 쪄진 떡은 식용유를 살짝 발라둔 볼이나 절구에 넣어 절굿공이로 쳐요.
▶ 이때 절굿공이에 소금물을 적셔가며 반죽을 돌리듯 쳐야 떡이 훨씬 쫄깃해져요.

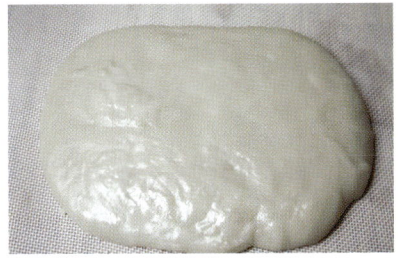

4 소금물을 묻힌 손으로 평평하게 떡의 모양을 잡아줘요.
▶ 떡이 잘 붙지 않는 실리콘패드를 사용하거나, 미리 콩고물을 바닥에 뿌려두는 게 좋아요.

5 스크레이퍼나 기름 바른 칼을 이용해 적당한 크기로 썰어주세요.

6 떡이 식기 전에 고물에 고루 굴려 콩고물을 묻혀내세요.
▶ 떡이 식으면 고물이 잘 묻지 않아요.

희동이의 요리팁

✓ 콩고물은 인터넷 쇼핑몰에서 구입해 만드는 것이 편리해요. 시중에 파는 콩고물에 입맛에 맞게 설탕과 소금을 약간씩 가미하면 훨씬 더 맛있게 먹을 수 있어요.
✓ 콩고물을 직접 만들 때는 볶은 콩가루 3컵에 소금 1찻숟갈, 설탕 3숟갈을 섞어주면 돼요.
  여기에 생강가루를 더해주면 훨씬 더 좋은 향을 느낄 수 있지요.

인절미구이
팬에 기름을 살짝 두르고 적당히 구워지면 고명으로 땅콩가루와 계피가루를 살짝 뿌려 꿀이나 조청에 찍어 먹으면 맛있어요.

그리운 추억의 맛
통팥 찹쌀떡

● **떡방앗간 스토리**
어렸을 때 겨울철이면 아파트
단지에서 찹쌀떡과 메밀묵을
팔던 아저씨가 한 분 계셨어요.
그때 먹던 쫄깃한 찹쌀떡 맛을
잊을 수가 없어 직접 만들어
보았답니다. 해마다 대학 입시
때가 되면 주위 수험생들에게
선물하기에도 좋아요.

★ **재료 준비 끝!**
약 10~12개 분량

소금 간 된 찹쌀가루 ········· 5컵
물 ············· 2~3순갈
설탕 ············· 3순갈
녹말가루 ············· 1컵
통팥앙금
팥 ············· 2컵
소금 ············· 0.5순갈
설탕 ············· 2/3컵
꿀 ············· 5순갈
통팥앙금 만들기는 38쪽 참고

1 통팥앙금은 미리 만들어 두고, 소금 간 된 찹쌀가루는 수분을 조절해 준 다음 설탕을 섞어요.

2 시룻밑을 깐 찜기에 반죽이 달라붙지 않도록 설탕을 조금 뿌린 뒤, ①의 쌀가루를 모두 안치고 김 오른 물솥 위에 올려 20~25분간 쪄내요.

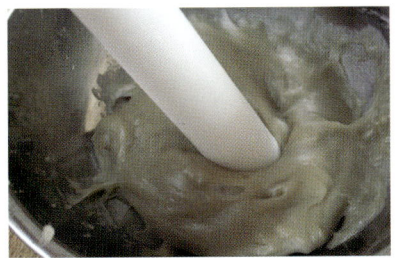

3 쪄낸 떡은 기름을 살짝 발라둔 볼이나 절구에 넣어 절굿공이로 쳐요.

4 손에 녹말가루를 묻히고 떡이 식기 전에 일정하게 잘라 둥글납작하게 펴 손바닥에 올려요. 통팥앙금 1숟갈을 가운데에 넣어 보자기 싸듯 감싸 올린 후 마무리해요.
▶ 손에 녹말가루를 너무 많이 묻히면 반죽이 붙지 않아서 오므려지지 않아요.

5 떡 겉면에 녹말가루를 굴려서 묻혀주고, 여분의 가루를 충분히 털어내세요.

희동이의 요리팁

✓ 통팥앙금 속에 밤이나 호두, 잣, 땅콩 같은 여러 가지 견과류를 섞어서 만들면 씹히는 맛이 더욱 좋아진답니다.
✓ 화과자 상자에 1개씩 넣어 포장하면 떡이 마르는 것도 막아주고, 깔끔하게 선물할 수 있어요.

모양보다는 맛
곶감단자

♦ 떡방앗간 스토리

곶감을 졸여내어 만드는
곶감퓌레(pure′e, 재료를 갈아서
체로 걸러 걸쭉하게 만든 음식)로
찹쌀을 반죽하고,
소에도 쫄깃한 곶감을 넣어
빚어내는 단자예요.
모양은 곶감처럼 투박하지만
정말 맛있답니다.

★ 재료 준비 끝!

약 8~10개 분량

소금 간 된 찹쌀가루 · · · · · · 3컵
소금 간 된 멥쌀가루 · · · · · · 1컵
곶감퓌레 · · · · · · · · · · · 2숟갈

곶감퓌레
곶감 · · · · · · · · · · · · · · 3개
생강 · · · · · · · · · · · · · 한 쪽
물 · · · · · · · · · · · · · · · 2컵
흑설탕 · · · · · · · · · · · · 3숟갈
계피가루 · · · · · · · · · · 1찻숟갈

소
소금 간 된 거피고물 · · · · · 1/2컵
곶감 · · · · · · · · · · · · · · 2개
꿀 · · · · · · · · · · · · 1/2~1숟갈

고물
소금 간 된 거피고물 · · · · · 1/2컵

1 곶감 3개의 반을 갈라 씨를 제거하고 잘게 잘라요. 냄비에 손질한 곶감과 생강, 물, 흑설탕, 계피가루를 모두 넣고 졸여내 잼처럼 만들어 주고, 체에 걸러 식혀 곶감퓌레를 만들어요.

2 찹쌀가루와 멥쌀가루를 섞고 곶감퓌레 2숟갈을 넣어 고루 비벼주세요.
▶ 반죽에 멥쌀을 섞으면 나중에 소를 넣고 성형하기가 쉬워요.

3 곶감퓌레로 부족한 수분은 물로 조절하여 체에 한번만 내려요.

4 시룻밑을 깐 찜기에 쌀가루를 안치고, 팔팔 끓는 물솥 위에 올려 20~25분간 쪄내요.

5 찌는 동안 거피고물에 곶감 2개를 다져넣고, 꿀로 되기를 조절해 동그랗게 뭉쳐 소를 만들어요.

6 쪄진 떡은 기름 바른 볼에 꺼내어 돌려가며 치대어 주세요.

7 손에 설탕시럽이나 기름을 살짝 바르고 치댄 떡을 적당히 떼어낸 후, 소를 넣고 감싸 올려 동글납작하게 빚어주세요.

8 떡이 식기 전에 거피고물을 고루 묻혀내세요.

희동이의 요리팁

✔ 곶감퓌레는 한 번에 넉넉히 만들어 냉동실에 보관해 두면 그때그때 만들지 않아도 되니까 떡 만들기가 더욱 간편해져요. 냉동실에 얼려두었다가 실온에서 해동하여 사용하면 돼요.

부드럽고 구수한
감자 찰단자

❂ 떡방앗간 스토리

감자 찰단자는 보슬보슬하게
쪄낸 감자를 찰떡 치듯 절구로
쳐내어 끈기가 생기도록하고,
겉에 팥과 땅콩같은 고물을
묻혀서 만드는 함경도 떡이에요.
무기질과 비타민이 풍부한
감자로 부드럽고 구수한 맛이
일품인 떡을 만들어 볼게요.

★ 재료 준비 끝!

약 20개 분량

감자 ·························	500g(5개)
소금 ·····················	1/3 찻숟갈
설탕	
········ 1/2~2숟갈(기호에 따라 조절)	

고물

팥앙금 ·····················	1컵
대추 ·······················	8개
땅콩분태 ···················	1/3컵
흑임자가루 ·················	1/3컵
꿀 ·························	1/4컵

1 준비한 고물들은 미리 손질해 두세
요. 대추는 돌려깎아 밀대로 밀어 가
늘게 채 썰고, 찜기에 김을 살짝 올려 숨
을 죽여주세요.
▶ 팥앙금은 약~중간 불의 마른 팬에 볶아 수분
을 날려주고 체에 내려 고운 가루로 만들어요.

2 감자는 깨끗이 씻어 껍질을 벗기고
속까지 완전히 폭 쪄내요.

3 쪄낸 감자를 뜨거울 때 절구에 넣고
소금과 설탕을 넣어 찰떡을 치듯이
충분히 치대어 끈기가 생기도록 해요.

4 끈기가 생긴 감자를 동그랗게 빚어
꿀을 바르고, 준비한 고물을 각각 묻
혀 내세요.
▶ 감자가 너무 질어 모양빚기가 어려우면 한 김
식혔다가 만들면 훨씬 편해요.

희동이의 요리팁

✓ 감자는 되도록 수분이 적은 폭신폭신
한 감자로 만들어야 맛도 좋고 만들기도
더 쉬워요.
✓ 아이들 간식으로 만들 때는 카스텔라
고물을 묻혀주면 훨씬 더 잘 먹는답니다.
카스텔라고물 만드는 법은 129쪽 참고

변신의 귀재
절편 반죽 만들기

◉ 떡방앗간 스토리
가래떡의 기본이 되는 절편은 찹쌀떡과는 살짝 다른 탱탱한 식감이 매력이에요. 길게 늘여 굳혀 썰어내면 가래떡이 되고 반죽에 색을 내어 빚으면 여러 가지의 새로운 떡이 탄생해요. 가장 기본이 되는 절편 반죽부터 만들어 봐요.

★ 재료 준비 끝!
소금 간 된 멥쌀가루 · · · · · · 5컵
물 · · · · · · · · · · · · · · 8~10숟갈
색내기용 천연가루 · · · · · 약간씩

1 멥쌀가루를 체에 한 번 내린 뒤 물로 수분을 조절해요.
▶ 수분의 양은 백설기보다 1.5배 정도 더 넣어야 해요.

2 쌀가루들이 뭉글뭉글 뭉쳤다면 수분 조절이 알맞게 된 거예요.
▶ 반죽을 한주먹 정도 쥐었다 폈을 때 송편처럼 바로 뭉쳐지는 정도에요.

3 찜기에 시룻밑을 깔고 시룻밑에 기름을 바르거나 설탕을 뿌려 쌀가루들을 안쳐주세요.
▶ 기름을 바르거나 설탕을 뿌리면 반죽이 들러붙지 않아요.

4 가운데는 움푹 들어가도록 홈을 내준 뒤 물이 끓는 물솥 위에 올려 15~20분간 쪄내요.
▶ 반죽의 가장자리가 투명하게 되면 다 익은 거예요.

5 다 쪄지면 떡전용 장갑(실리콘장갑)을 끼고 기름이나 소금물을 발라서 뜨거울 때 떡 표면이 매끈해질 때까지만 치대요.
▶ 여기까지는 일반 가래떡을 만드는 과정과 같아요. 길게 늘여 통풍이 잘 되는 곳에 반나절에서 하루 쯤 굳혀내면 가래떡이 되지요.

6 반죽이 뜨거울 때에 천연가루를 더해 색이 고르게 날 때까지 치대어 주면 여러 가지 색의 반죽으로도 만들 수 있어요.
▶ 천연가루의 양은 색을 보아가면서 조금씩 더해 조절하세요.
▶ 반죽을 너무 오래 치대면 반죽이 오그라들고 질겨지므로 적당히 색이 날 때까지만 치대요.

희동이의 요리팁

색내기용 천연가루

분홍	딸기가루, 체리가루, 백련초가루	갈색	계피가루, 코코아가루
노랑	단호박가루, 치자가루	보라	자색고구마가루, 포도가루
주황	오렌지가루, 황치즈가루	검정	흑임자가루
녹색	쑥가루, 녹차가루, 말차가루, 뽕잎가루, 솔잎가루, 시금치가루, 클로렐라가루		

✓ 녹색을 낼 때에는 주로 쑥가루와 녹차가루, 말차가루 등을 이용하는데 쑥가루가 가장 어둡고 말차가루가 가장 밝은 녹색이 난답니다. 쑥가루로 색을 낼 때에는 단호박가루를 살짝 더해주면 훨씬 더 예쁜 녹색이 나와요.

무늬가 예쁜
도장절편

● 떡방앗간 스토리
떡도장(떡살)만 있으면 모양이 아주 예쁜 절편을 만들 수 있답니다.
떡살무늬에 따라 각각 다른 느낌의 떡이 돼요.

★ 재료 준비 끝!

약 12~15개 분량

소금 간 된 멥쌀가루 · · · · · · · · · · · · · 5컵
물 · 8~10숟갈
색내기용 천연가루 · · · · · · · · · · · 약간씩
기름 · 약간
떡도장

♥ 희동이만 따라와 ~

절편 반죽 하나로 여러 가지 떡 만들기

1 표면이 매끄럽도록 치대어준 흰색의 반죽을 주먹 반 정도 크기로 떼어 동그랗게 빚어주고, 색을 섞어 낸 반죽을 작게 떼어 동그랗게 굴린 뒤에 가운데에 올려요.

2 떡도장으로 가만히 눌러 떡살 모양을 찍어 주고, 참기름과 식용유를 1 : 1로 섞어 절편에 발라 떡이 마르지 않도록 해요.
▶ 떡도장의 가장자리로 떡이 일정하게 빠져나오도록 힘 조절을 잘해야 예뻐요.

희동이의 요리팁

✓ 떡도장은 인터넷의 떡 재료 파는 사이트에서 쉽게 구입할 수 있어요.
✓ 나무로 된 것보다는 플라스틱 느낌의 실리콘 재질로 만들어진 것이 사용과 보관에 용이하답니다.

귀여워 귀여워
알사탕떡

● 떡방앗간 스토리

전통 떡 중에 하나인 골무떡을 조금 더 예쁘게 변형시킨 떡이에요.
모양이 마치 알사탕 같아서 아이들이 더 좋아하는 떡이랍니다.
별다른 도구 없이 손으로 누구나 뚝딱 모양을 낼 수 있어요.

♥ 희동이만 따라와~

절편 반죽 하나로 여러 가지 떡 만들기

1 흰색의 절편 반죽은 손목 굵기 정도
로 준비하고, 색을 낸 절편 반죽은 가
늘고 길게 늘여놓아요.

2 흰색의 절편 반죽 위에 색을 내어 길
게 늘인 절편 반죽을 일정한 간격으
로 올려요.

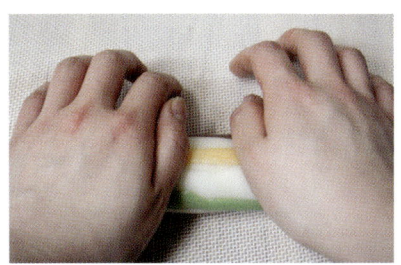

3 ②를 통째로 2~3번 굴려 반죽이 매
끈해지도록 해주세요.

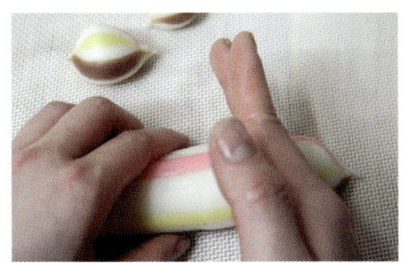

4 손을 세워서 앞뒤로 오가며 떡을 잘
라요.

5 양 끝의 뾰족한 부분을 가운데로 눌
러주어 모양을 잡아주고, 참기름과
식용유를 1 : 1로 섞어 마르지 않도록 발
라주세요.

★ 재료 준비 끝!

약 15~18개 분량

소금 간 된 멥쌀가루	5컵
물	8~10숟갈
색내기용 천연가루	약간씩
기름	약간

희동이의 요리팁

작게 만들어 꼬치에 끼운 후 손님상이나
다과상에 내면 모양도 예쁘고 쏙쏙 빼먹
는 재미도 쏠쏠하지요.

비단옷 입은
색동바람떡

○ 떡방앗간 스토리
결혼식날에 먹으면 신랑·신부가 바람난다는 재미난 속설 때문에 잔칫상에 절대로 올리지 않는 떡이에요. 바람떡은 팥소와 함께 바람이 꽉 차있어서 통통한 모양이 특징이랍니다. 평범한 바람떡에 색동 모양을 내주면 훨씬 근사해져요.

★ 재료 준비 끝!

약 15~18개 분량

소금 간 된 멥쌀가루	5컵
물	8~10숟갈
색내기용 천연가루	약간씩
기름	약간

(참기름과 식용유, 또는 포도씨유를 1 : 1로 섞어서 사용)
바람떡틀

소

팥앙금	1컵

희동이의 요리팁

바람떡은 얇게 밀어내어 만들기 때문에 다른 떡보다 더 쉽게 굳는답니다. 만든 떡은 기름을 발라 바로 비닐에 포장해 두고 되도록이면 만들어서 바로 먹는 게 좋아요.

♥ 희동이만 따라와~

절편 반죽 하나로 여러 가지 떡 만들기

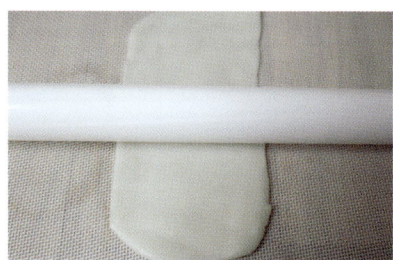

1 흰색의 절편반죽을 밀대로 두께 0.5cm 정도가 되도록 밀어요.

2 천연가루로 색을 들인 반죽은 두께 0.2cm 정도로 얇게 밀어 0.5cm 넓이로 길게 잘라 준비해요.

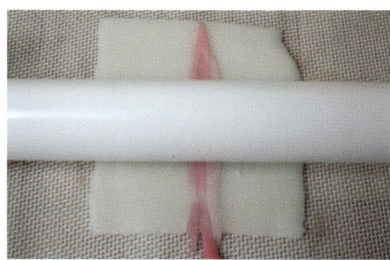

3 ②를 ①의 위에 올리고 밀대로 한 번 더 밀어 반죽에 잘 붙도록 해주세요.

4 ③을 뒤집어 놓고, 팥앙금을 새끼손 가락 두마디 정도의 크기로 뭉쳐 올 려두세요.
▶ 팥앙금을 중앙에 올리면 한쪽이 짧아지니 살짝 앞쪽으로 올리는 게 좋아요.

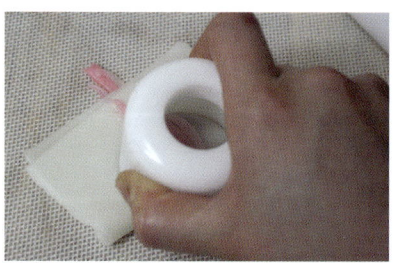

5 반죽을 반 접어 올리고, 바람떡틀로 지그시 눌러 찍어내어 떡이 마르지 않도록 기름을 발라요.

곱디고운
꽃브로치떡

● 떡방앗간 스토리

예쁜 한복에 꽂아주면 어울릴 듯한 고운 모양의 브로치 같은 떡이에요.
바람떡을 조금 더 응용한 것인데, 만들면 만들수록 떡의 아름다움을 새삼 느끼게 해줘요.

♥ 희동이만 따라와 ~

1 완두배기를 절구로 찧어 덩어리를 으깨
주고 올리고당으로 되기를 조절해요.

절편 반죽 하나로 여러 가지 떡 만들기 ✿

2 새끼손가락 두 마디 정도로 길게 뭉
쳐 소를 만들어요.

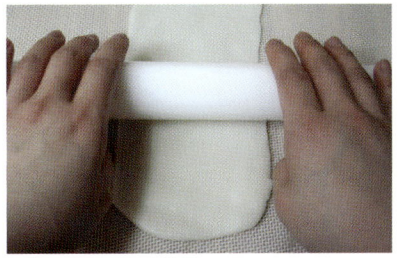

3 절편반죽을 밀대로 밀어 두께 0.4cm
정도가 되도록 해주고

4 밀어낸 반죽 위에 뭉친 소를 올려요.

★ 재료 준비 끝!

약 15~18개 분량

소금 간 된 멥쌀가루	5컵
물	8~10숟갈
색내기용 천연가루	약간씩
기름	약간

(참기름과 식용유, 또는 포도씨유를 1 : 1로 섞어서 사용)

잣	약간

사각형 레이스틀
소

완두배기	1컵
올리고당	1/2~1숟갈

5 반죽을 접어 올려 소가 가운데에 가도
록 한 뒤 틀로 지그시 눌러 찍어내요.

6 색을 낸 절편 반죽으로 꽃과 잎을 찍
어내고, 잣으로 꽃 중앙에 꽂아서 고
정해요.

희동이의 요리팁

소를 너무 적게 넣어도 떡이 비어서 예
쁘지 않지만 반대로 너무 많이 넣으면
바람떡이 잘 붙질 않고 입이 벌어지게
되니 주의하세요.

탐스러운 자태
매화떡

⬤ 떡방앗간 스토리

마치 매화 꽃봉오리처럼
탐스럽고 볼록한 자태가
우리의 멋을 느끼게 해줘요.
먹기 아까울 정도로 예쁜장한
생김새는 포장을 해 놓으면
더욱 예뻐서 선물용으로
제격이랍니다.

★ 재료 준비 끝!

약 15~18개 분량

소금 간 된 멥쌀가루 ······5컵
물 ···············8~10숟갈
색내기용 천연가루
기름 ················약간
(참기름과 식용유, 또는 포도씨유를 1:1
로 섞어서 사용)
잣 ················약간
소
소금 간 된 거피고물 ·······1컵
꿀 ···············1~2숟갈

1 거피고물에 꿀을 넣고 되기를 조절해서 한 덩어리로 뭉칠 수 있도록 해주세요.

▶ 고물이 질다면 꿀 대신 설탕만 넣어서 달기를 조절해요.

거피고물 만드는 법은 34쪽 참고

2 엄지손가락 한마디 정도의 크기로 떼어 동그랗게 빚어 소를 만들어요.

3 색을 낸 절편 반죽을 둥글게 빚은 뒤 납작하게 눌러 펴고 중앙에 소를 올려요.

4 보자기 싸듯 양 끝을 접어 올리면서 소를 감싸주세요.

5 감싸 올린 뒤 불필요한 매듭은 잘라내어 깨끗하게 다듬어요.

6 기름을 바른 수저의 가장자리로 눌러 꽃잎을 만들어요.

▶ 한 번에 눌러야 금이 선명하게 생겨 예뻐요.

7 녹색으로 물들인 반죽으로 잎을 올린 후 잣으로 고정해주고 떡이 마르지 않도록 기름을 발라주세요.

희동이의 요리팁

매화떡은 화과자 상자에 낱개로 담아 포장하면 떡이 마르는 것도 방지할 수 있고 깔끔하게 떡을 선물할 수 있어서 좋아요. 화과자 상자는 인터넷 쇼핑몰이나 방산시장에서 쉽게 구할 수 있는데, 화과자 상자들을 넣을 선물상도 크기에 맞게 함께 구입하세요.

입맛 없는 어르신께
씨앗찹쌀전병

● **떡방앗간 스토리**

찹쌀로 빚은 반죽은 팬에 살짝
구워만 먹어도 별미지만,
꿀을 발라 다양한 씨앗을
덧뿌려 먹으면 보기에도 훨씬
먹음직스러울 뿐만 아니라
건강까지도 챙길 수 있답니다.
쫄깃하고 고소해 입맛 없는
어르신들 간식으로 좋겠죠.

★ **재료 준비 끝!**

약 15~18개 분량

소금 간 된 찹쌀가루 · · · · · · 3컵
끓는 물 · · · · · · · · · 5~6숟갈
씨앗 및 견과류 · · · · · · · 1/2컵
(해바라기씨, 호박씨, 깨, 볶은 땅콩 등)
지짐용 기름 · · · · · · · · · · 약간
전병 소스
꿀 · · · · · · · · · · · · · 1/2컵
계피가루 · · · · · · · · · 1찻숟갈
간장 · · · · · · · · · · · 2찻숟갈

1 찹쌀가루를 끓는 물로 익반죽을 해요.

▶ 끓는 물은 한 번에 넣지 말고 반죽의 되기를 보아가며 조절해 주세요.

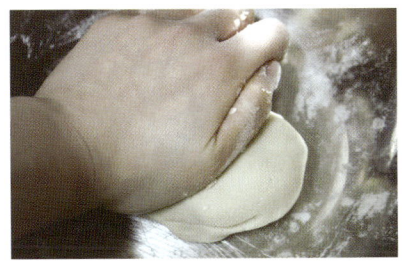

2 반죽의 표면이 매끈해질 때까지 손바닥을 사용해 치대어 줍니다. 많이 치대어 줄수록 떡이 더욱 쫄깃해져요.

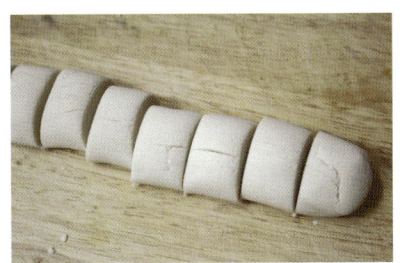

3 완성된 반죽은 일정한 굵기로 길게 밀어서 같은 두께로 썰어주세요.

4 손바닥으로 둥글린 후 엄지와 연결된 두 손바닥으로 가장자리를 눌러서 모양을 만들어요.

▶ 지름은 5cm, 두께는 0.5cm 정도의 크기로, 떡의 중앙이 가장자리보다 통통하도록 빚는 것이 예뻐요.

5 팬에 기름을 넉넉히 두르고 뜨거워지면 반죽을 올려 약한 불에서 서서히 뒤집어 가며 앞뒤로 익혀요.

▶ 떡이 얇거나 센 불에서 익혀 내면 떡의 겉면만 타기 쉽고 모양이 부풀어 오를 수 있어요.

6 꿀에 간장과 계피가루를 섞어 전병에 곁들일 소스를 만들어요.

▶ 전병 소스를 만들 때는 꿀 대신 같은 양의 조청으로 대신해도 정말 좋아요.

7 씨앗과 견과류는 마른 팬에 살짝 볶아 모두 섞어두고

8 익혀낸 떡 위에 전병 소스를 바르고 씨앗을 듬뿍 뿌려내세요.

희동이의 요리팁

✔ 견과류는 분태로 되어 있는 것을 구입해서 사용할 경우 쉽게 산화되어 불포화지방산이 생성되기 쉬워요. 가능하면 날 것을 구입해 직접 구워서 사용하면 훨씬 더 고소해 진답니다.

✔ 구운 견과류들은 봉지에 넣어 밀대로 눌러 으깨면 쉽게 분태로 만들 수 있어요.

돌돌 말린 수상한맛
회오리전

◉ 떡방앗간 스토리

흑임자의 고소한 맛과
회오리처럼 돌돌 말린 모양이
잘 어울리는 회오리전이에요.
모양 때문에 아이들도 좋아하고
맛있으니까 남녀노소 누구나
잘 먹어요. 특별한 떡을 만들어
보고 싶은 분께도 강력
추천합니다.

★ 재료 준비 끝!

약 20개 분량

소금 간 된 찹쌀가루 · · · · · 3컵
끓는 물 · · · · · · · · · 5~6숟갈
흑임자가루 · · · · · · · · · 2숟갈
지짐용 기름 · · · · · · · · 적당량
꿀 · · · · · · · · · · · · · 적당량
볶은 검은깨 · · · · · · · · · · 조금
흑임자가루 만드는 법은 147쪽 참고

1 먼저 찹쌀가루의 1.5컵에만 흑임자가 루를 넣고 뜨거운 물로 익반죽해요.

2 나머지 찹쌀가루 1.5컵은 그대로 뜨 거운 물로 익반죽해 주세요.

3 각각의 반죽 모두 손에 더 이상 반죽 이 묻어나지 않을 때까지 손으로 치 대어 준비해요.

4 두 가지 색의 반죽 각각 밀대로 밀어 0.5cm 정도로 만들어 주세요.

5 흑임자 반죽은 아래쪽, 흰색 반죽은 위쪽으로 오도록 올려두고, 김밥을 말 듯 끝에서부터 천천히 위로 말아 올려요. ▶ 반죽이 잘 붙을 수 있도록 끝 쪽에는 물을 발 라 굴려주면 좋아요.

6 말아낸 반죽은 두께 0.5cm로 썰어요.

7 팬에 기름을 넉넉히 두르고 기름이 달구어지면 썰어낸 반죽을 올려 약 한 불에서 앞뒤로 뒤집어 가며 서서히 구 워주세요.

8 구워낸 떡에 꿀을 발라주고 중앙에 볶은 검은깨를 조금 뿌려 고명을 올 려주세요.

희동이의 요리팁

반죽을 둥글게 말아준 뒤에 삼각형 또는 사각형으로 모양을 잡아 여러 가지 재미 난 모양으로 만들어 보세요.

수저만 있으면 OK
꽃 모양 전

● 떡방앗간 스토리

예전엔 계절별로 봄에는 진달래,
여름이면 장미와 맨드라미,
가을에는 국화로 예쁘게 화전을
만들어 먹곤 했지만,
요즘엔 공기가 오염되어 믿고
먹을 수 없어요. 그래서 꽃
없이 수저로 예쁜 화전 만드는
법을 알려 드릴까 해요.

★ 재료 준비 끝!

약 15~18개 분량

소금 간 된 찹쌀가루 · · · · · · 3컵
끓는 물 · · · · · · · · · 5~6숟갈
지짐용 기름 · · · · · · · 적당량
꿀 · · · · · · · · · · · · 적당량

색내기용 천연가루

황치즈가루(주황) · · · · · 1찻숟갈
딸기가루(분홍) · · · · · · 1찻숟갈
단호박가루(노랑) · · · · · 2찻숟갈

1 찹쌀가루 3컵을 한 컵씩 3등분해 두고, 각각 색내기용 천연가루로 색을 내어 끓는 물로 익반죽해요.
▶ 색내기용 가루는 조금씩 넣어가며 색을 조절하세요.

2 반죽이 너무 되어 갈라지지 않도록 주의해서 반죽하고, 다 된 반죽은 마르지 않도록 비닐에 넣어두고 다른 반죽을 만들어 주세요.

3 반죽을 떼어 동그랗게 빚었다가 납작하게 눌러 모양을 잡고, 수저 끝의 둥근 모서리를 이용해 5등분하여 눌러주면서 꽃잎 모양을 빚어요.

4 팬에 기름을 넉넉히 두르고 약~중간 불에서 앞뒤로 지져내요.
▶ 센 불에서 지져내면 찹쌀이 부풀어 오르거나 모양이 일그러지기 쉬워요.

5 먹기 전에 꿀을 발라 윤기를 내주세요.
▶ 꿀이 너무 달다면 꿀과 올리고당을 1 : 1로 섞어서 사용해도 좋아요.

희동이의 요리팁

꽃모양 틀이 있다면 반죽을 밀대로 밀어준 뒤 찍어내서 지져내도 예쁘답니다.

구수한 녹두소를 넣은
수수부꾸미

❂ 떡방앗간 스토리

수수부꾸미는 수수가루와
찹쌀가루를 섞어서 반죽해
둥글넓적하게 빚어 기름에
지지다가 가운데에 소를 넣어서
반을 접어 만드는 떡이랍니다.
주로 통팥앙금을 넣어서
만드는데 구수한 녹두로
소를 만들어 넣으면 더욱
맛있어요.

★ 재료 준비 끝!

약 8~10개 분량

소금 간 된 차수수가루 ····· 2컵
소금 간 된 찹쌀가루 ······ 1컵
끓는 물 ············· 5~6숟갈
지짐용 기름 ··········· 적당량
꿀 ················· 적당량
소
소금 간 된 녹두고물 ····· 1.5컵
꿀 ····· 1~2숟갈(설탕 1~2숟갈)
고명
잣 · 검은깨 · 대추 · 호박씨

1 소금 간 된 녹두고물에 꿀을 넣어 한 덩어리로 뭉쳐질 수 있도록 되기를 조절해서 소를 만들어요.
▶ 꿀만으로는 부족한 단맛을 좀 더 내고 싶다면 설탕을 더해주면 돼요.

2 새끼손가락 두 마디 정도로 타원형 모양을 만들어 소를 뭉쳐두세요.

3 찹쌀가루와 차수수가루를 섞어 끓는 물로 익반죽해요.
▶ 차수수가루 만드는 법은 **차수수팥떡 101쪽** 참고

4 반죽을 일정하게 떼어 동그랗게 만든 다음 손바닥으로 눌러 납작하게 만들어요.

5 팬에 기름을 두르고 약한 불에서 지져 익혀내다가 한 면이 익으면 뒤집어요. 가운데에서 약간 한쪽으로 빗겨난 1/3지점에 녹두소를 넣고 반달모양으로 접어 올려 가장자리 부분만 눌러 붙여주세요.
▶ 배가 볼록해야 예쁘니 소가 들어있는 배 부분을 누르지 않도록 주의하세요.
▶ 소를 한 가운데에 올리면 한쪽이 짧아져 반을 접었을 때 두 끝이 맞닿지 않을 수 있어요.
▶ 떡이 다 익으면 그릇에 떡이 달라붙지 않도록 꿀을 발라주고, 고명을 얹어 내면 완성이에요.

희동이의 요리팁

✓ 녹두고물 대신 같은 양의 통팥앙금으로 간단히 만들어도 좋아요.
통팥앙금 만드는 법은 38쪽 참고
✓ 프라이팬에서 익힐 때에는 불이 너무 세지 않도록 주의하세요. 반죽이 겉만 타고 속까지 익지 않거나, 익으면서 찹쌀이 늘어나 동그란 반달 모양이 망가질 수 있답니다.

부꾸미의 변신
꽃부꾸미

○ **떡방앗간 스토리**

흔히 먹던 부꾸미를 조금 더
아름다운 모양으로 변형시켜
만들어 보았어요. 떡은 이렇게
작은 노력만으로도 더 예쁘게
변신시킬 수 있는 놀라운 힘을
가진 요리랍니다.

★ **재료 준비 끝!**
약 12~15개 분량

소금 간 된 찹쌀가루	3컵
딸기가루	1찻숟갈
끓는 물	5~6숟갈
통팥앙금	1컵
지짐용 기름	적당량
꿀	적당량

1 찹쌀가루 2컵만 먼저 뜨거운 물로 익반죽해요.

2 나머지 찹쌀가루 1컵에는 딸기가루를 물 1찻숟갈에 풀어 섞어 주세요.

3 ②도 ①에서처럼 뜨거운 물로 익반죽하여 준비해요.

4 준비한 두 가지 색의 반죽을 길게 늘여서 일정한 두께로 썰어요.
▶ 반죽의 양을 똑같이 나눌 수 있어요.

5 두 가지 반죽을 붙여 손바닥으로 눌러가며 납작하게 모양을 만들어요.

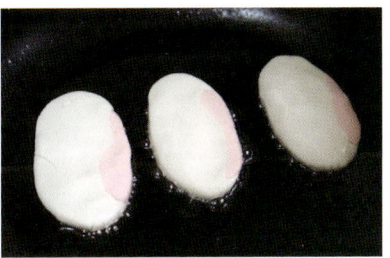

6 달궈진 프라이팬에 기름을 두르고, 약~중간 불에서 앞뒤로 구워주세요.

7 구워낸 떡의 흰 부분을 1/3 정도 접어주고, 손가락 한마디 정도로 통팥앙금을 올려 끝에서부터 돌돌 말아내요.
▶ 말아낸 후 분홍색이 위로 오도록 세워 놓고 바깥부분으로 말듯 접어 내려서 꽃봉오리 모양을 만들어요.
▶ 겉면에 꿀을 바르면 맛도 좋고 더 예쁘답니다.

희동이의 요리팁

✓ 반죽할 때는 물을 조금씩 나누어 가며 넣어야 질어지는 것을 막을 수 있어요.
✓ 반죽은 손으로 오래도록 치대 주어야 나중에 떡이 더욱 쫄깃하고 맛있답니다.

눈과 입으로 맞이하는 봄
단호박 꽃경단

❂ 떡방앗간 스토리

단호박으로 물들인 노란색의
쫄깃한 찹쌀에 톡톡 씹히는
대추와 아몬드를 넣고
보드라운 카스텔라고물로
마무리 해주니 맛으로 한 번,
눈으로 또 한 번 예쁘게 두 번
즐기는 꽃경단이랍니다.
소를 따로 넣지 않아 만들기도
간단해요.

★ 재료 준비 끝!

약 12~15개 분량

소금 간 된 찹쌀가루	3컵
단호박	1/4개
카스텔라	1개
대추	4개
아몬드슬라이스	2순갈
설탕물	1~2순갈

설탕물 만들기
냄비에 설탕 1컵과 물 1컵을 넣고 설
탕이 녹을 때까지 끓여서 사용해요.

1 단호박은 쪄서 뜨거울 때 으깨어 두세요. 돌려깎기로 씨를 제거한 대추와 아몬드 슬라이스는 가로세로 0.4cm 정도로 잘게 다져요.
▶ 단호박을 소량으로 찔 때는 씨와 껍질을 제거하고 작게 잘라 전자레인지에 1~3분정도 돌려주면 간편해요.

2 찹쌀가루에 단호박 으깬 것, 대추와 아몬드 자른 것을 넣고 손으로 고루 비벼 섞어주고 부족한 수분은 끓인 설탕물로 조절하여 익반죽해요.
▶ 설탕물로 반죽하면 떡의 노화를 지연시키는 데 도움을 줘요.

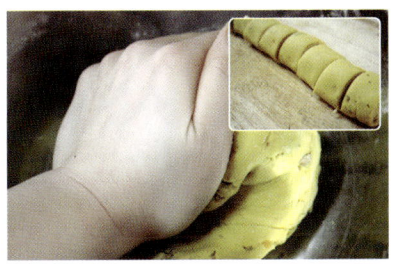

3 손에 더 이상 반죽이 묻어나지 않을 때까지 충분히 치대어 반죽해 주세요. 반죽을 지름 3.5~4cm 정도로 길게 늘려주고, 2cm 두께로 일정하게 썰어요.

4 손바닥으로 살짝 눌러서 두께가 다시 1~1.5cm 정도가 되도록 반죽을 다듬어 주고, 꽃모양틀로 반죽을 찍어내요. 찍어내고 남는 반죽들은 다시 모아서 한 덩어리로 만들어 준 다음 같은 방법으로 꽃모양을 찍어내면 된답니다.

5 팔팔 끓는 물에 꽃모양으로 찍어낸 반죽을 넣고 삶다가 물 위로 전부 떠오르면 1~2분간 더 기다렸다 꺼내서 바로 찬 물에 담가주세요. 찬 물에서 1분 정도 두었다가 체에 밭쳐서 떡을 꺼내 물기를 충분히 빼주세요.
▶ 얼음물을 미리 준비해 두어요.
▶ 마른 면보나 키친타월로 체 밑에 밭쳐서 물기을 닦아주면 물기 제거에 효과적이에요.

6 카스텔라고물에 삶아낸 떡을 굴려 골고루 묻혀내요.
▶ 카스텔라의 진한 갈색 부분만을 잘라내고, 곱게 갈아 팬에 보슬하게 볶아준 뒤 체에 내려 한 번 더 곱게 만들어 사용해요.

희동이의 요리팁

✔ 설탕물이 팔팔 끓을 때 반죽에 넣어서 익반죽을 해야 하는데, 찹쌀마다 수분의 정도가 달라서 물의 양은 때에 따라 조절해 주어야 해요. 단, 익반죽을 할 때는 처음엔 된 듯해도 자꾸 치대면 찰기가 생겨서 금방 질어지므로 설탕물은 반드시 조금씩 넣어가면서 반죽해 주어야 한답니다.

고명 만들기

1 익히지 않은 단호박을 0.5cm 두께로 썰어서 고명틀로 작은 꽃모양을 찍어내요.
2 냄비에 단호박과 물 1/2컵, 설탕 1/2컵을 넣고 젓지 않고 졸여내다가 설탕이 다 녹으면 물엿이나 꿀 1숟갈을 넣고 윤기나게 졸여내어 떡 위에 호박씨와 함께 고명으로 장식하면 훨씬 더 예쁜 떡이 된답니다.

건강하게 자라라
차수수팥떡

❂ 떡방앗간 스토리

팥의 붉은 색은 귀신으로부터
아기를 지켜준다고 해서
예로부터 백일이나 돌잔치에
빠지지 않았죠. 백일상에 오르는
수수팥떡은 아기의 액을
면하게 하고, 돌상에 오르는
수수팥떡은 낙상하지 않고
건강하게 자라게 한다는
의미가 있어요.

★ 재료 준비 끝!
약 18~20개 분량

팥고물

팥	1컵
물	5컵
소금	1.5 찻숟갈
설탕	1~2숟갈

수수반죽

소금 간 된 찹쌀가루	1컵
소금 간 된 차수수가루	2컵
설탕물	5~6숟갈

· 차수수가루로만 반죽하는 것보다 찹
쌀가루를 섞어주면 더욱 쫄깃해져요.

1 팥에 물을 부어 삶다가 끓어오르면 물을 따라내고, 다시 물 5컵을 부어 계속 끓여가며 삶아요.

2 물이 거의 없어지고 팥을 눌러보아 잘 으깨어 질 때까지 익히고, 불을 끄고 남는 물은 따라낸 다음 소금과 설탕을 넣어 절구로 찧어주세요.

3 다시 냄비를 약한 불에 올려 고슬고슬하게 수분을 날려주고, 넓은 쟁반에 펼쳐 식혀요.

4 찹쌀가루와 차수수가루에 끓는 설탕물(설탕 : 물 = 1 : 1, **단호박 꽃경단 98쪽 참고**)을 넣어 익반죽해요.

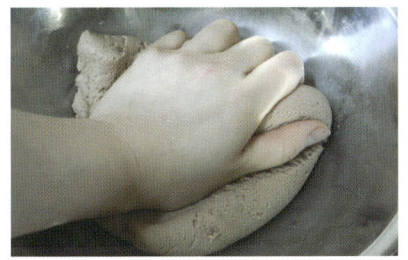

5 반죽이 손에 더 이상 묻어나지 않을 때까지 충분히 치대어 주세요.

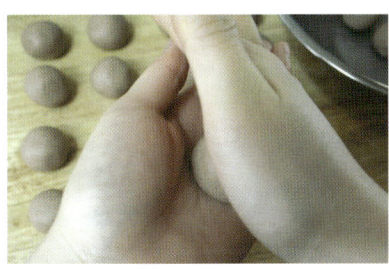

6 익반죽한 반죽을 메추리알만한 크기로 동그랗게 빚고

7 빚은 반죽을 끓는 물에 넣고 물 위로 떠오르면 30초간 더 기다렸다가 건져내요.

8 건져낸 떡은 찬 물에 담갔다가 꺼내고 체에 밭쳐 물기를 충분히 제거해요.

9 미리 만들어 식혀둔 팥고물에 고루 굴려 묻혀내요.

희동이의 요리팁

차수수가루 만들기

1 차수수가루는 보리쌀을 씻듯이 박박 비벼서 문질러 씻어 물에 불려두었다가 붉은 물이 우러나면 3~4번 정도 물을 갈아 주면서 8시간 정도 계속 불려주세요. 여러 번 헹구어야 떫은 맛이 제거돼요.

2 충분히 불린 차수수를 체에 밭쳐 물기를 빼고 방앗간에서 빻아 오거나 믹서에 곱게 갈아서 사용해요.

3 차수수 1kg에 소금 1숟갈의 비율로 넣어서 빻으면 되는데, 1kg 정도를 불려서 빻아오면 5~6컵 정도의 분량이 된답니다.

4 인터넷 쇼핑몰에서는 건식으로 된 차수수가루를 구할 수 있는데, 건식 차수수가루는 미리 물을 조금 넣고 비벼준 뒤 젖은 면보를 덮어 충분히 시간을 두었다가 체에 한번 내려서 사용하면 돼요.

귀엽게 동글동글
동구리떡

떡방앗간 스토리

동글동글한 모양이 너무 귀여운
동구리떡은 거피고물로 소를
채워 넣어 속까지 알찬
떡이랍니다. 보드랍고 구수한
거피고물로 방앗간에서 파는
떡보다 더 폼나게 만들어 봐요.

★ 재료 준비 끝!

약 12~15개 분량

반죽

소금 간 된 찹쌀가루	3컵
설탕물	5~6숟갈

소

소금 간 된 거피고물	1컵
통조림밤	3개
대추	3개
잣	1숟갈
호두	3개
꿀	1~2숟갈

• 잣은 고깔을 떼어 둡니다.
• 대추는 돌려깎아 씨를 제거하고
잘게 썰어두세요.
• 호두는 끓는 물에 살짝 데쳐 쓴맛
을 제거하고 4~6등분하여 잘라요.
• 통조림밤은 6~8등분 정도로 작
게 잘라 주세요.

고물

소금 간 된 거피고물	1컵
설탕	1숟갈

1 미리 만들어 둔 거피고물에 준비해둔 소 재료를 모두 넣고 꿀로 되기를 조절해 한 덩어리로 뭉칠 수 있도록 해요.
▶ 엄지손톱만한 크기로 동글동글 미리 빚어두세요.

2 찹쌀가루에 끓는 설탕물(설탕 : 물 = 1 : 1, **단호박 꽃경단 98쪽 참고**)을 넣어 익반죽해요. 손에 더 이상 반죽이 묻어나지 않고 반죽 표면이 매끄러워질 때까지 많이 치대어 줘요.
▶ 떡의 단 맛이 싫다면 설탕물이 아닌 그냥 끓는 물로 반죽해도 돼요.

3 반죽을 일정한 굵기로 늘여 같은 두께로 썰고
▶ 단자의 크기를 동일하게 만들기 위해서예요.

4 썰어낸 반죽을 동그랗게 매만져 주고 엄지손가락으로 가운데를 눌러 소가 들어갈 공간을 만들어요. 미리 만들어 두었던 소를 넣고 반죽을 오므려 주먹을 살짝 쥐어 떡 속의 불필요한 공기를 빼주고, 양손바닥으로 떡을 굴려 동그랗게 빚어내면 돼요.
▶ 불필요한 공기를 빼주지 않으면 떡을 삶는 동안 터질 수 있어요.

5 팔팔 끓는 물속에 빚어낸 반죽을 넣어 삶고, 떡이 떠오르면 1~2분간 더 기다려 주세요. 떡을 삶는 동안 거피고물 1컵에 설탕 1순갈을 섞어 고물을 만들어 두세요.

6 ⑤에서 삶은 떡을 체로 건져내 찬 물에 담가 1분간 식혀주세요.
▶ 얼음물을 미리 준비해 주면 좋아요.

7 체에 받쳐 물기를 충분히 제거해요. 설탕을 섞어둔 거피고물에 떡을 굴려 고물을 넉넉히 묻혀내세요.

희동이의 요리팁

✔ 소에 유자청을 조금 넣어 만들어도 향긋하고 맛있답니다.
✔ 냉동실에 넣어두었던 거피팥이 너무 질다면 마른 프라이팬에 살짝 볶았다가 체에 내려 사용해요.
✔ 거피고물은 특히 날씨가 무더운 여름철에는 쉽게 상할 수 있어요. 만든 다음에는 가능한 빨리 드세요.

황해도 토속떡
닭알떡

○ **떡방앗간 스토리**

달걀처럼 생겨서 닭알떡이라
이름붙여진 황해도 지방
떡이랍니다.
멥쌀로만 반죽하고 삶아내
다른 떡들보다 큼직한 것이
특징이에요.
쉽게 접할 수 없는 떡이니
직접 만들어 보세요.

★ **재료 준비 끝!**

약 8~10개 분량

소금 간 된 멥쌀가루 · · · · · · ·	3컵
설탕물(설탕:물=1:1) · · · ·	5~6숟갈

고물

팥고물 · · · · · · · · · · · ·	1/2컵

(팥앙금 볶아 체에 내린 것)

소

팥앙금 · · · · · · · · · · · · ·	1컵
통조림밤 · · · · · · · · · · ·	3개
대추 · · · · · · · · · · · · · ·	2개
잣 · · · · · · · · · · · · ·	0.5숟갈
호두 · · · · · · · · · · · · · ·	3개

1 통조림밤과 호두는 4등분하고 잣은 고깔을 떼어 손질해요. 대추는 돌려 깎아 6등분해준 뒤 팥앙금과 모두 섞어 동그랗게 빚어두세요.
▶ 지름이 새끼손가락 두 마디 정도가 되도록 조금은 크게 빚어주세요.

2 멥쌀가루는 끓는 설탕물로 익반죽해요.

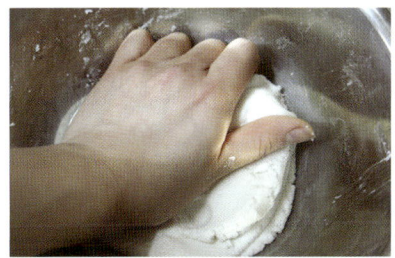

3 충분히 치대어 손에 더 이상 반죽이 묻어나지 않도록 해주세요.

4 반죽을 일정한 크기로 떼어 동그랗게 빚은 뒤 소를 넣고 다시 오므려요.

5 길이 5~6cm 정도가 되도록 타원형의 달걀처럼 빚어주고

6 빚은 반죽은 끓는 물에 넣고 삶다가 떠오르면 1~2분간 더 기다렸다가 꺼내요.

7 찬 물(또는 얼음물)에 1~2분간 담가 충분히 식혀주세요.
▶ 떡을 더욱 찰지게 만들어요.

8 물기를 충분히 제거해 준 뒤 팥고물을 고루 묻혀내세요.

희동이의 요리팁

✔ 팥고물 만드는 법은
감자 찰단자 과정 1 (79쪽) 참고
✔ 소를 만들 때 재료들을 너무 곱게 다지면 씹히는 맛이 없어지므로 잣 크기보다 조금만 더 크게 썰어주면 돼요.
✔ 떡을 삶을 때에는 냄비 바닥이 눌지 않도록 한두 번 냄비를 흔들어 주세요.

입안의 호사
유자경단

● **떡방앗간스토리**

유자경단은 치자물로 익반죽한
쫄깃한 찹쌀에 노란 녹두고물과
고소한 피스타치오를 넣어
구수하면서도 향긋한 맛이
일품인 고급스러운 떡이랍니다.
유자청으로 장식해서 만들어내면
보기만 해도 앙증맞은 떡에
누구나 반하게 돼요.

★ **재료 준비 끝!**

약 12~15개 분량

소금 간 된 찹쌀가루 · · · · · · ·3컵
설탕 · · · · · · · · · · · · ·2숟갈
통치자 · · · · · · · · · · · · ·2개
물 · · · · · · · · · · · · · · ·1컵

소

소금 간 된 녹두고물 · · · · · ·1컵
유자청 다진 것 · · · · ·1/2~1숟갈
설탕 · · · · · · · · · · · · ·1숟갈
피스타치오 · · · · · · · · · ·2숟갈

고물

소금 간 된 녹두고물 · · · · · · ·1컵

장식

유자청
호박씨

1 피스타치오는 칼로 잘게 다져주세요.

▶ 마른 프라이팬에 살짝 볶아 사용하면 더욱 고소해요.

2 녹두고물 1컵에 다진 피스타치오와 설탕을 섞고, 유자청 다진 것으로 되기를 조절해 소를 동그랗게 뭉쳐두세요.

3 물 1컵에 통치자 2개를 넣고 팔팔 끓여 치자물을 우려내요.

4 찹쌀가루에 설탕을 섞고 ③에서 우려낸 치자물 5~6숟갈로 익반죽해요.

5 반죽을 일정하게 떼어 소를 넣고 오므려 동그랗게 빚은 후

6 빚은 반죽을 끓는 물 속에 넣어 떠오를 때까지 삶아주고, 떠오른 뒤 1~2분 정도 더 기다렸다가 꺼내요.

7 찬 물에 담가 떡을 식혀주고, 체에 밭쳐 물기를 충분히 제거해 주세요.

8 녹두고물에 고루 굴려 묻혀내고, 유자청을 돌돌 말아 위에 얹어 장식하세요.

▶ 기호에 따라 고물에 설탕을 섞어도 돼요.

희동이의 요리팁

✓ 피스타치오를 구입하기 어렵다면 호박씨를 살짝 볶아 다져 넣어도 좋아요.
✓ 통치자는 재래시장이나 떡 재료를 파는 인터넷 쇼핑몰에서 저렴하게 구입할 수 있답니다.

희동이네 떡방앗간

PART3

아이들을 위한
간식떡 만들기

어르신 사랑 듬뿍 받는
효도떡 만들기

기억에 남는
선물용떡 만들기

쌀이니까 안심!
아이떡, 어른떡, 선물용떡

비타민 A 충전!
당근치즈 떡케이크

아이떡

● 떡방앗간 스토리

당근은 비타민 A가 굉장히
풍부한 식품 중 하나에요.
비타민 A가 부족하면
저항력이 약해지고,
피부가 쉽게 거칠어 져요.
당근을 싫어하는 아이들도
맛있게 먹을 수 있도록
떡케이크로 만들어 봤어요.

★ 재료 준비 끝!

원형틀 1호 기준

소금 간 된 멥쌀가루	3.5컵
슬라이스치즈	1장
당근	1개
우유	1숟갈
포도씨유	1숟갈
소금	약간
꿀	2~3숟갈
설탕	3숟갈

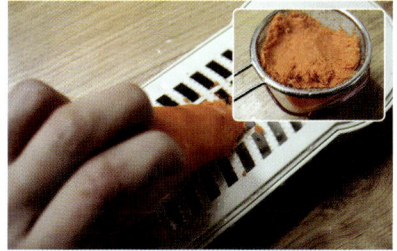

1 당근은 깨끗이 씻어 껍질을 벗기고 강판에 곱게 갈아요. 갈아낸 당근을 거즈나 체에 밭쳐 즙을 꼭 짠 다음 갈아낸 당근과 즙은 따로 분리해 둬요.

2 그릇에 우유 1숟갈과 슬라이스 치즈를 넣고 전자레인지에 10초 간 돌려 저어주고, 다시 10초 돌린 다음 저어 치즈소스를 만들어요.
▶ 치즈가 타지 않도록 옆에서 지켜보면서 돌려주세요. 치즈가 완전히 녹지 않았다면 한 번 더 돌려주면 돼요.

3 소금 간 된 쌀가루에 ③에서 만든 치즈소스를 넣고 손바닥으로 고루 비벼 섞어준 다음 체에 내려주세요.

4 치즈소스만으로 부족한 수분은 당근 즙으로 조절해 준 뒤 두 번 정도 체에 더 내려요.

5 갈아낸 당근은 프라이팬에 포도씨유를 두르고 연한 주황빛이 돌 때까지 살짝 볶다가 소금과 꿀을 넣어 물기가 없도록 졸여내요.

6 체에 내려둔 쌀가루에 설탕 3숟갈을 넣어 재빨리 섞고 시룻밑을 깔아둔 찜기에 틀을 올려 쌀가루를 반만 안쳐주세요.

7 ⑤에서 만든 당근잼을 가장자리로부터 1cm 정도 떨어진 안쪽에 얇게 올려요.

8 나머지 남은 쌀가루를 안쳐 표면을 고르게 하고 물이 끓는 물솥 위에 올려 15~20분간 쪄내요.

희동이의 요리팁

✔ 당근잼을 만들고 난 후 조금 남겨두었다가 당근모양으로 뭉쳐 당근란을 만들어 보세요.
✔ 케이크 위에 장식으로 당근란을 함께 올려주면 훨씬 근사하답니다.

알록달록 보석이 콕콕
감자정과 보석설기

🌼 떡방앗간 스토리
떡 속에 보석이 숨어 있는 듯
착각을 일으키는 알록달록
예쁜 빛깔의 보석설기에요.
달콤하면서도 쫄깃한 맛이
일품이라 감자를 싫어하는
아이들도 너무나 좋아하죠.
우리집 공주님, 왕자님을 위한
스페셜 떡을 만들어 주세요.

★ 재료 준비 끝!
원형틀 1호 기준
감자정과 분홍색·녹색·보라색
다진 것 ········· 각각 1숟갈씩
소금 간 된 멥쌀가루 ····· 3.5컵
설탕 ················· 3숟갈
물 ··············· 3～4숟갈

1 감자정과는 미리 만들어 두세요.
  감자 장미정과 236쪽 참고

2 감자정과의 물기를 꼭 짜내고 세 가지를 각각 칼로 큼직하게 다져두세요.

3 쌀가루는 물로 수분을 조절해 체에 두세 번 정도 내리고, 썰어둔 감자정과와 설탕을 넣어요.

4 감자정과와 설탕, 쌀가루가 고루 섞일 수 있도록 해주세요.

5 시룻밑을 깐 찜기에 틀을 올리고, ④를 모두 안쳐 물이 끓는 물솥 위에 올려서 15~20분간 쪄내요.

희동이의 요리팁

감자 장미정과로 장식하면 더욱 근사한 케이크를 만들 수 있답니다.

녹지 않아요
아이스크림 초코떡바

🔵 떡방앗간 스토리
달콤한 초코코팅 속에 쫄깃한
떡이 숨어 있어 겉모양만 보고는
아이스크림인지 떡인지 잘 구분
되지 않는 독특한 모양의
초코떡바에요. 하나씩 손에
들고 간편하게 먹을 수 있고
맛 또한 달콤해서 아이들이
좋아하는 떡이지요.

⭐ 재료 준비 끝!
사각틀 1호 / 8개 분량

소금 간 된 멥쌀가루 · · · · · · 3컵
소금 간 된 찹쌀가루 · · · · · · 1컵
우유 · · · · · · · · · · · · 2~3숟갈
설탕 · · · · · · · · · · · · · · 4숟갈
초코코팅
초콜릿 · · · · · · · · · · · · · 160g
코코피넛 · · · · · · · · · · · 2/3컵
시판 오레오 쿠키 · · · · · · · 5개
기타
아이스크림용 나무스틱 · · · · 8개

1 멥쌀가루와 찹쌀가루를 섞어 체에 한 번 내리고, 우유로 수분을 조절해 준 뒤 한 번 더 체에 내려주세요.

2 쌀가루에 설탕을 섞고 시룻밑을 깐 찜기 위에 사각틀을 올려 쌀가루를 안쳐요. 칼끝이 시룻밑 바닥까지 닿도록 조심스럽게 칼집을 넣어 8등분 해준 다음 김이 오른 물솥 위에 올려 15~20분간 쪄내요.

3 떡이 쪄지는 동안 초콜릿은 잘게 부수어 중탕으로 녹여두세요.

4 오레오 쿠키는 가운데에 샌드 되어 있는 크림을 제거해 비닐에 넣어 잘 게 부수어 주고

5 쿠키를 부순 비닐에 분량의 코코피 넛을 넣고 흔들어 고루 섞어요.

6 떡이 쪄지면 통째로 꺼내어 한 김 식 혔다가 한 조각씩 들고 살짝 눌러 납 작하게 모양을 빚어가며 나무스틱을 가 운데에 꽂아주세요.
▶ 떡을 꺼내자마자 나무스틱을 꽂아주면 떡이 쉽게 깨질 수 있으니 꼭 한 김 식혀주세요.

7 중탕으로 녹여둔 초콜릿을 떡에 고 루 발라주고, 초콜릿이 굳기 전에 오 레오 쿠키와 코코피넛 섞은 것을 고루 묻 혀줘요.

8 실온에서 충분히 초콜릿을 굳혀내세 요.
▶ 냉장고에 넣으면 떡이 바로 노화되어 딱딱 하게 굳어버리는 거 아시죠?

희동이의 요리팁

✔ 토핑으로 다양한 견과류 분태나 여러 가지 스프링클(과자나 케이크 등에 사용 되는 장식제) 등을 이용하면 다양한 모 양의 개성 있는 아이스크림으로 만들 수 있어요.

✔ 아이스크림 모양이지만 보관은 반드시 실온에서 해야 하며, 떡이 굳기 전에 되 도록 빨리 먹는 게 좋아요.

달콤한 눈속임
초코쿠키 떡케이크

● 떡방앗간 스토리
초코 맛의 쿠키를 떡 속에
넣으면 어떤 맛이 날까요?
떡보다 쿠키를 더 좋아하는
아이들에게 만들어 주면 잘
먹어요. 이제 쿠키가 아닌
떡을 해달라며 졸라대겠죠?

★ 재료 준비 끝!
원형틀 1호 기준

소금 간 된 멥쌀가루	3.5컵
시판 오레오 쿠키가루	5숟갈
탈지분유	3숟갈
설탕	3.5숟갈
우유	4~6숟갈

1 비닐에 쿠키를 넣고 방망이로 잘게 부수어 가루로 만들어 주세요.

2 소금 간 된 멥쌀가루에 탈지분유를 넣어 체에 내려요.

3 우유를 조금씩 넣어가며 수분을 조절 하고 체에 1~2번 더 내려요.
▶ 우유의 양은 일반 설기보다 조금 더 넉넉하게 넣어 주세요.

4 ①에서 만들어둔 쿠키가루와 설탕을 넣어 고루 섞어요.

5 시룻밑을 깔아둔 찜기에 틀을 넣고 ④의 쌀가루를 안쳐 물이 끓는 물솥 위에서 15~20분간 쪄내세요.

희동이의 요리팁

√ 초코쿠키가루를 체에 내려서 케이크 윗면에 고루 뿌려 장식하면 보기에도 예 쁘고 맛도 더 좋답니다.

√ 완성된 떡케이크는 우유를 곁들이면 더욱 맛있게 먹을 수 있어요.

명절을 바꾸는
고구마송편

☺ 떡방앗간 스토리

고구마와 똑같은 모양이지만 거기에 쫄깃한 맛이 더해진 고구마 송편이에요. 생크림을 섞어 만드는 달콤하고 부드러운 고구마 소가 쫄깃한 떡과 정말 잘 어울려요. 명절날 특별한 송편으로 실력발휘를 해 보는 건 어떨까요?

★ 재료 준비 끝!

약 10개 분량

소금 간 된 멥쌀가루 · · · · · · 2컵
자색 고구마가루 · · · · · 4찻숟갈
설탕물 · · · · · · · · · · 4~5숟갈
참기름+포도씨유 섞은 것 · 적당량

소

고구마 찐 것 · · · · 200g(큰 것 1개)
호두 · · · · · · · · · · · · · · · 5개
계피가루 · · · · · · · · 1/4 찻숟갈
생크림 · · · · · · · · · · · 2~3숟갈
설탕 · · · · · · · · · · · · · · 1숟갈

1 껍질을 벗긴 고구마를 쪄서 으깨어 준 뒤, 다진 호두와 계피가루, 설탕을 섞고 생크림으로 되기를 조절해 동그랗게 소로 뭉쳐두세요.

2 쌀가루에 자색고구마 가루를 섞고, 설탕물 끓인 것으로 익반죽을 해요.
▶ 설탕을 따로 넣어서 반죽할 경우에는 1~2숟 갈을 넣어 끓는 물로 익반죽하면 돼요.

3 반죽을 일정하게 떼어 소를 넣고 오므려 공기를 빼듯 꾹 쥐었다 펴주세요.

4 고구마 모양의 타원형으로 빚어주세요.

5 젓가락으로 적당히 구멍을 내면 더욱 고구마처럼 보여요.

6 시룻밑을 깐 찜기에 고구마송편을 올려 김이 오른 물솥 위에서 18~20분간 쪄내요. 떡이 다 익으면 대나무 찜틀을 통째로 들어 찬 물을 한 번 끼얹은 후 '참기름 + 포도씨유'를 담은 볼에 넣어 고루 묻혀내세요.

희동이의 요리팁

✔ 자색 고구마가루는 떡 재료나 베이킹 재료를 파는 인터넷 쇼핑몰, 방산시장 등에서 쉽게 구할 수 있어요.
✔ 아이들이 계피가루를 싫어한다면 땅콩잼으로 대체하거나, 생크림과 설탕을 더해주는 것만으로도 충분한 맛을 낼 수 있어요.

알록달록 귀여워
모양절편

● 떡방앗간 스토리
알록달록한 귀여운 모양과
함께 달콤하면서도 쫄깃한
맛으로 아이들이 너무나
좋아하는 모양절편이에요.
예쁜 모양 틀만 있다면 너무나
쉽게 만들 수 있답니다. 온가족이
함께 만들면 맛있고 특별한
추억이 될 거예요.

★ 재료 준비 끝!
약 12~15개 분량

절편반죽
소금 간 된 멥쌀가루 · · · · · · ·5컵
물 · · · · · · · · · · · · · 8~10숟갈
설탕 · · · · · · · · · · · 1~5숟갈
색내기용 천연가루
딸기가루, 포도가루, 황치즈가루,
호박가루, 코코아가루 · · · · · · ·
· · · · · · 각각 1~2찻숟갈씩
꿀소스
꿀(또는 올리고당) · · · · · · ·2숟갈
참기름 · · · · · · · · · · · 1찻숟갈
포도씨유 · · · · · · · · · · · 1숟갈

1 쌀가루를 체에 한 번 내려준 뒤 물로 수분을 조절해요.

2 수분을 넉넉히 주어 쌀가루들이 곰보(소보로)처럼 뭉글뭉글하게 뭉치도록 하고, 수분 조절이 되었다면 설탕을 넣어줘요.
▶ 설탕은 기호식품이므로 입맛에 맞게 조절하세요.

3 찜기에 시룻밑을 깔고 설탕을 조금 뿌려 반죽이 눌어붙지 않도록 해 준 뒤, 쌀가루들을 안쳐서 물이 끓는 물솥 위에 올려 20분간 쪄냅니다.

4 쪄진 떡은 떡전용 장갑을 끼고 기름을 조금만 발라 치대어 주다가 원하는 색의 가짓수 만큼 반죽을 나누어 천연가루를 더해 치대가며 색을 내줘요.
▶ 반죽은 뜨거울 때 색을 내야 해요. 물솥에 불을 가장 약하게 켜두고 나머지 반죽은 찜기에 넣어둔 채로 작업하세요.

5 색을 낸 반죽을 밀대로 두툼하게 밀어주고, 모양틀로 찍어내어 모양을 내요.

6 꿀소스 재료를 모두 섞어 떡에 고루 발라내세요.

희동이의 요리팁

예쁜 모양틀은 인터넷 쇼핑몰(홈베이킹 재료를 파는 곳)이나 방산시장, 대치동 리치몬드상가 등에 가면 쉽게 구할 수 있어요. 꼭 예쁜 모양틀이 아니더라도 집에 있는 다양한 크기의 컵으로 찍어내도 재미있어요.

홀딱 반하는 맛
생딸기 전자레인지 찹쌀떡

◉ 떡방앗간 스토리
아직도 떡 만들기가 번거롭게
느껴지세요? 이 떡은 찜기에
찌거나 힘들게 반죽을 치댈
필요 없이 전자레인지에
돌려내면 완성이에요. 살짝
얼리면 근사한 디저트가 되지요.

★ 재료 준비 끝!
약 **4개 분량**

반죽
건식 찹쌀가루 ········ 120g
　(마트에서 쉽게 구할 수 있어요)
우유 ············· 120g
설탕 ·············· 35g
소금 ············ 1찻숟갈
속재료
팥앙금 ············· 50g
연유 ·············· 15g
딸기 ·············· 4개
덧가루
옥수수전분 ········ 1컵 정도

1 팥앙금에 연유를 넣고 고루 섞어 두세요.

2 찹쌀가루에 소금과 설탕, 우유를 모두 넣어 덩어리가 생기지 않도록 잘 풀어요.
▶ 전자레인지용 그릇을 이용해요.

3 랩을 씌우고 전자레인지에 2분간 돌려 꺼내고 한 번 더 고루 섞어요.

4 다시 랩을 씌우고 전자레인지에 1분간 돌렸다 꺼내 섞고, 30초간 더 돌려 섞어주세요.
▶ 전자레인지에 따라 출력이 다르니 반죽이 잘 익어 표면이 매끄러워 질 때까지 같은 방법으로 반복해요.

5 수저에 전분을 묻혀 반죽을 4등분해요.

6 전분을 넉넉히 깔아둔 그릇에 4등분한 반죽을 각각 떼어 올려요.

7 손에도 옥수수전분을 넉넉히 묻히고 반죽을 올려 동글납작하게 펴줘요. ①에서 만들어둔 팥앙금을 얇게 발라주고 깨끗이 씻어 꼭지를 딴 딸기를 거꾸로 올려놓아 오므려 감싸요. 여분의 전분 가루는 털어내요.

희동이의 요리팁

✓ 생딸기 전자레인지 찹쌀떡은 정확한 계량이 필요해요.
✓ 마트에서 파는 건식 찹쌀가루는 노화가 빨리 와서 쉽게 굳는답니다. 만들고서 되도록 바로 먹는 게 가장 좋아요.
✓ 딸기가 제철인 초여름에 만들어 바로 냉동실에 넣어 살짝만 얼렸다가 내면 시원해서 더 맛있어요.
✓ 딸기가 나지 않는 계절엔 키위를 이용해 보세요. 또 다른 느낌의 찹쌀떡을 즐길 수 있을 거예요.

한입에 쏙쏙
롤리팝 치즈말이 사탕떡

● 떡방앗간 스토리

예쁘게 돌돌 말린 모양도
예쁘지만 치즈가 들어가서
자라나는 아이들에게는
영양만점인 떡이랍니다.
한입에 쏙쏙 먹기 좋아 아이들
간식으로 좋고 어른들을 위한
깔끔한 술안주로도
안성맞춤이에요.

★ 재료 준비 끝!

소금 간 된 멥쌀가루 · · · · · · 4컵
소금 간 된 찹쌀가루 · · · · · · 1컵
버터 · · · · · · · · · · · · · 1숟갈
우유 · · · · · · · · · · 7~8숟갈
설탕 · · · · · · · · · · 3~5숟갈
천연가루(딸기가루, 포도가루, 호박가
루, 녹차가루) · · · · · · · · · 약간씩
슬라이스치즈(노란색)
유기농치즈(흰색)
클로렐라치즈 또는 시금치즈(녹색)
이쑤시개

1 멥쌀가루와 찹쌀가루를 섞어 체에 한 번 내리고, 실온의 버터와 우유를 넣어 손바닥으로 고루 비벼 수분을 조절한 다음 설탕을 섞어요.
▶ 수분조절은 한 움큼 손으로 쥐었다 폈을 때 송편처럼 반죽이 뭉치는 정도로 해주면 돼요.

2 시룻밑을 깔아둔 김 오른 찜기에서 20분간 쪄요.
▶ 찜기에 담을 때 가운데 쪽을 비워야 김이 잘 올라 고루 익어요.

3 떡이 다 쪄지면 꺼내어 실리콘 장갑을 낀 손으로 반죽을 치대어 주세요. 떡 표면이 매끈해지면 5등분해서 4개의 반죽에 각각 천연가루를 더해 치대요.
▶ 장갑에 식용유를 조금 발라두면 떡이 들러붙지 않아요.
▶ 반죽이 식거나 마르면 물이 잘 들여지지 않으니 젖은 면보를 덮어두고 작업하세요.

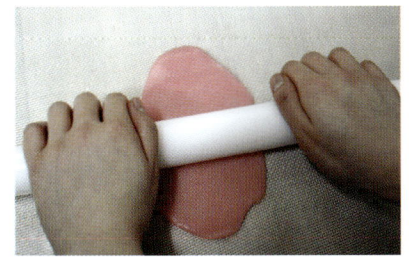

4 반죽을 밀대로 0.5cm 두께가 되도록 밀어주세요.

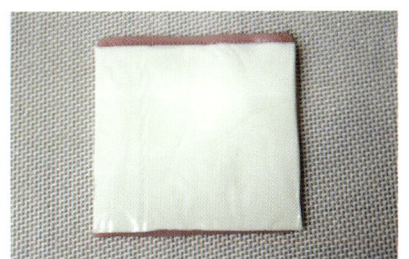

5 슬라이스 치즈를 반죽 위에 올리고 칼로 나머지 반죽을 잘라내는데 한 쪽면은 치즈보다 0.5cm 정도 크게 잘라주세요.
▶ 나중에 떡을 말았을 때 떡과 떡이 잘 붙어 있도록 해주기 위해서에요.

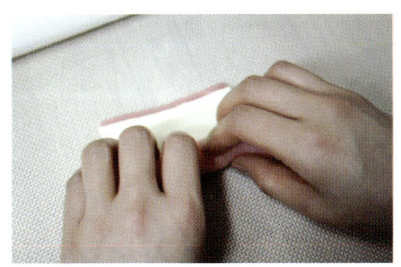

6 0.5cm 정도 남긴 쪽을 바깥으로 두고 김밥 말듯이 말아 올리고

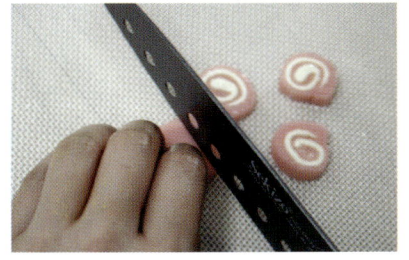

7 두께 0.5cm 정도로 썰어 이쑤시개에 꽂아서 내주세요.

희동이의 요리팁

만들고서 그냥 두면 떡이 얇기 때문에 다른 떡보다 쉽게 굳어질 수 있어요. 바로 먹을 것이 아니라면 비닐이나 랩으로 밀봉 포장해서 냉동실에 넣어두었다가 먹기 직전에 전자레인지에 살짝 돌려 먹도록 하세요.

독특한 퓨전요리
파프리카 스마일전

● **떡방앗간 스토리**

파프리카가 들어가 알록달록한
색깔과 스마일 모양이 재미있는
전이에요. 칠리소스를 만들어
함께 찍어 먹으면 더욱
맛있답니다.
전통적인 찹쌀전에 서양요리에
쓰이는 재료들이 들어가니
아주 색다른 퓨전요리가
되었네요.

★ **재료 준비 끝!**

약 15개 분량

소금 간 된 찹쌀가루 · · · · · · ·	3컵
파프리카 색깔별로 각 · · ·	1/4개씩
끓는 물 · · · · · · · · · ·	6~7숟갈
식용유 · · · · · · · · · · · · ·	적당량
꿀 · · · · · · · · · · · · · · ·	적당량

1 파프리카는 깨끗이 씻어 씨를 제거하고 믹서에 담아요.

2 색깔별로 물 1숟갈씩을 더해 최대한 곱게 갈아 준비해 주세요.

3 찹쌀가루 1컵에 ②의 즙으로 각각의 색을 내 준 뒤 부족한 수분은 끓는 물을 넣어 익반죽해요.

4 밀대로 반죽을 두께 0.5cm 정도가 되도록 밀고 동그랗게 모양을 찍어 내요.
▶ 지름이 크지 않은 컵으로 대신해도 돼요.

5 빨대로 두 눈을 만들어 주고 티스푼으로 웃고 있는 입모양을 만들어 주세요.
▶ 눈과 입은 확실하게 구멍을 내주어야 굽는 동안 찹쌀이 늘어져도 모양이 유지돼요.
▶ 크기가 다른 두 개의 컵을 이용하면 또 다른 얼굴모양을 만들 수 있어요.

6 프라이팬에 기름을 넉넉히 둘러 약~중간 불에서 앞뒤로 뒤집어 가며 구워내고 꿀을 발라 내거나 칠리소스를 곁들여 내세요.

희동이의 요리팁

곁들여 먹으면 더 맛있어 지는 간단한 칠리소스 만들기

재료 케첩 3숟갈, 두반장 1숟갈, 맛술 1찻숟갈, 설탕 2숟갈, 물엿 1숟갈, 파·마늘·양파 다진 것 1숟갈 씩

1 기름을 두르고 파, 마늘, 양파를 충분히 볶아주세요.
2 나머지 재료를 모두 넣고 졸여내면 새콤달콤한 칠리소스가 완성이에요.

아이들이 먼저 찾는
초코경단과 딸기경단

● 떡방앗간 스토리

팥이 들어간 떡은 아이들이 잘
먹지 않으려고 하죠? 그럴 때는
억지로 먹이려고 하기보다는
아이들이 좋아하는 재료로
만들어 주는 것이 좋아요.
초코경단과 딸기경단이라면
과자보다도 훨씬 더 아이들의
입맛을 사로잡을 수 있답니다.

★ 재료 준비 끝!

약 20개 분량

반죽

소금 간 된 찹쌀가루	5컵
설탕물	2/3컵

초코경단 소

적앙금	100g
초코칩	1순갈
코코아가루	0.5순갈
땅콩분태	1순갈
연유	1찻순갈

딸기경단 소

백앙금	100g
딸기초코칩	2순갈
딸기가루	0.5순갈
연유	1찻순갈

고물

초코코코넛가루	1컵
딸기코코넛가루	1컵

1 초코경단과 딸기경단 각각의 소 재료를 고루 섞고 엄지손톱만한 크기로 동그랗게 뭉쳐두세요.

2 찹쌀가루에 끓는 설탕물을 넣어 익반죽한 후 손에 더 이상 반죽이 묻지 않고 반죽 표면이 매끄러워질 때까지 치대어 주세요.

3 반죽을 일정한 크기로 떼어 소를 넣고 오므린 뒤 가스를 빼듯이 쥐었다가 둥글게 굴려 모양을 빚어요.
▶ 반죽의 반은 초코경단 소를, 나머지 반은 딸기경단 소를 넣어 빚어주면 돼요.

4 끓는 물에 ③을 넣고 삶다가 떠오르면 1~2분 정도 더 삶아줘요.
▶ 삶을 때는 두 경단을 따로 삶아야 나중에 고물을 묻힐 때 헷갈리지 않아요.

5 다 익은 경단은 체로 건져내 찬 물에 담가 식혀요.

6 1~2분 정도 식혔다가 체에 밭쳐 물기를 충분히 빼고 초코경단은 초코코코넛가루에, 딸기경단은 딸기코코넛가루에 각각 굴려 고물을 고루 묻혀내요.

희동이의 요리팁

✔ 초코코코넛가루와 딸기코코넛가루가 없을 때에는 카스텔라로 고물을 만들어요.

카스텔라고물 만들기
재료 카스텔라 2개, 코코아가루 1숟갈, 딸기가루 1숟갈
1 카스텔라의 윗부분을 잘라내고, 코코아가루(또는 딸기가루)를 섞어 곱게 갈아내요.
2 팬에 보슬보슬하게 볶아준 뒤
3 한 번 더 체에 내려 곱게 만들어요.

겉과 속의 환상궁합
바나나 초코 롤케이크

● **떡방앗간 스토리**

쫄깃한 초코떡 속에 달콤한
바나나와 부드러운 앙금크림을
넣고 돌돌 말아내어 만드는
롤케이크에요. 손은 조금 많이
가는 듯해도, 한 번 만들면
너무 맛있어 자꾸만 만들어
먹고 싶어져요.

★ **재료 준비 끝!**

**사각틀 1호 기준
/ 롤케이크 4개 분량**

소금 간 된 멥쌀가루	3컵
소금 간 된 찹쌀가루	1컵
코코아가루	2찻숟갈
우유	2~3숟갈
버터	1숟갈
설탕	5숟갈
바나나	1개
앙금크림	
백앙금	200g
생크림	50g
초코칩	2숟갈

1 멥쌀가루, 찹쌀가루, 코코아가루를 체에 한 번 내리고, 실온의 버터와 우유를 넣어 손바닥으로 고루 비벼 체에 한 번 더 내린 후에 설탕을 섞어줘요.
▶ 먼저 버터로 수분을 조절해 주고, 부족한 수분은 우유를 더 넣으면서 송편처럼 반죽이 뭉치는 정도로 해주면 돼요.

2 시룻밑을 깔아둔 찜기에 사각틀을 올리고 준비한 쌀가루의 반만 안쳐 물이 끓는 물솥 위에서 15분간 쪄요.
▶ 물솥 위에 올리기 전에 칼로 2등분해서 쪄내면 나중에 떡을 말 때 훨씬 쉬워요.

3 떡이 쪄지는 동안 **앙금크림**을 준비해 두세요.

4 종이 포일을 깔고 떡을 쪄낸 윗면이 밑으로 향하게 올려놓은 뒤 **앙금크림**을 넉넉히 바르고 바나나를 올려주세요.
▶ 바나나가 작다면 통째로 올려도 되지만, 그렇지 않다면 길게 썰어서 올려요

5 종이 포일로 김밥처럼 돌돌 말아주고 냉동실에서 15분 정도 굳혀주세요.
▶ 쌀가루의 나머지 반도 한 번 더 쪄서 같은 방법으로 만들면 롤케이크 2개가 더 나와요.

희동이의 요리팁

✔ 떡을 살짝 얼린 다음에 썰어야 깨끗하게 썰려요.
✔ 선물할 때는 썰어내지 말고, 통째로 비닐에 돌돌 감싸서 리본을 달아주고 상자에 담아 포장하면 예뻐요.

앙금크림 만들기
1 먼저 차가운 생크림을 준비해 거품기로 단단하게 휘핑해 주고
2 초콜릿은 덩어리를 칼로 긁어 칩으로 만들어 놓고
3 백앙금에 휘핑한 생크림과 초코칩을 넣어 주걱으로 고루 섞은 다음 시간이 남으면 냉장고에 다시 넣어두세요.

주말 피크닉용
떡말이 참치 샌드위치

아이떡

❍ 떡방앗간 스토리
밀가루가 아닌 쫄깃한 우리
떡으로 만든 샌드위치
도시락이에요. 여러 가지 야채와
참치를 넣어 돌돌 말아내어
만들면 먹기도 편하고 맛과
영양까지 모두 최고죠. 게다가
먹어보기 전까지 아무도
떡인지 눈치채지 못하더라고요.

★ 재료 준비 끝!
사각틀 1호 / 샌드위치 8조각 분량

소금 간 된 찹쌀가루 · · · · · 2.5컵
소금 간 된 멥쌀가루 · · · · · 2.5컵
버터 · · · · · · · · · · · · · · · · 1숟갈
우유 · · · · · · · · · · · · · 4~5숟갈
설탕 · · · · · · · · · · · · · · · · 1숟갈
샌드위치 속
참치 통조림 · · · · · · · 1개(작은 것)
옥수수 통조림 · · · · · · · · · 3숟갈
통오이 피클 · · · · · · · · · · · · 50g
슬라이스 햄 · · · · 2장(샌드위치용)
슬라이스치즈 · · · · · · · · · · · 2장
파프리카 · · · · · · · · · · · · · 1/2개
양파 · · · · · · · · · · · · · · · 1/2개
양상추 · · · · · · · · · · · · · 1/2개
마요네즈 · · · · · · · · · · · · · 3숟갈
머스터드소스 · · · · · · · · · · 1숟갈
후추 · · · · · · · · · · · · · · · · · 약간
샌드위치 소스
마요네즈 · · · · · · · · · · · · · 1숟갈
머스터드소스 · · · · · · · · · · 1숟갈

1 찹쌀가루와 멥쌀가루를 섞어 체에 내리고 녹인 버터와 우유로 수분을 조절해서 한 번 더 체에 내려두세요.

2 시룻밑을 깐 찜기에 사각틀을 올리고 ①의 쌀가루에 설탕 1숟갈을 고루 섞어 안친 후 칼로 가로와 세로 각각 2등분씩 금을 내어주고, 물이 끓는 물솥 위에 올려 15~20분간 쪄내요.

3 떡이 쪄지는 동안 샌드위치 속에 들어갈 피클과 파프리카는 길게 채 썰어 두고, 양파는 채 썬 뒤에 식초물에 담갔다가 매운맛을 제거해 물기를 꼭 짜내요. 양상추는 손바닥 크기로 잘라 찬 물에 담갔다가 물기를 털어두고, 슬라이스 햄은 마른 팬에 살짝 구워두세요.

4 참치는 기름을 꼭 짜 준비해 두고, 옥수수 통조림도 물기를 제거해 마요네즈와 머스터드소스, 후추약간을 섞어 버무려요.

5 떡이 다 쪄지면 한 조각씩 꺼내어 밀대로 처음 넓이의 4배 정도 되도록 얇게 밀어 가장자리는 칼로 깨끗하게 잘라 주세요.

6 김발 위에 랩을 깔고 얇게 밀어낸 떡을 올린 뒤 샌드위치 소스를 고루 발라주고, '양상추-햄 1/2조각-치즈 1/2조각-양파-피클-파프리카-참치' 순으로 올려요.

7 샌드위치 속이 빠지지 않도록 양 끝을 올려 접어준 다음 랩과 김발을 동시에 들어 올려 김밥 말듯 돌돌 말아주고 떡이 잘 붙을 수 있도록 잠시 놓아두세요.

8 랩을 씌운 채로 칼로 비스듬히 썰어내세요.

희동이의 요리팁

✓ 샌드위치는 만들고서 바로 먹을 것이 아니라면 랩을 그대로 말아서 포장해 두세요. 떡끼리 서로 붙지 않도록 도와주며 떡이 마르는 것도 방지해 준답니다.

✓ 속재료만 미리 준비해 두었다가 떡만 쪄내어 만들면 순식간에 멋진 간식으로 변신하는 요리에요.

담백해서 좋아
쌀로 만든 떡피자

❂ 떡방앗간 스토리

밀가루로 반죽해서 발효하지 않아도 간단히 피자를 만들 수 있는 방법이 있어요. 바로바로 떡피자랍니다. 마음껏 먹어도 쌀가루로 만들어서 속도 편하고 담백해요. 떡으로 만들었어도 피자이기 때문에 아이들이 정말 좋아해요.

★ 재료 준비 끝!

원형틀 2호 기준

소금 간 된 찹쌀가루 · · · · · 1/2컵
소금 간 된 멥쌀가루 · · · · · · · 2컵
버터 · · · · · · · · · · · · · · · · · · 1숟갈
우유 · · · · · · · · · · · · · · · · · · 1숟갈
설탕 · · · · · · · · · · · · · · · · 0.5숟갈
피자치즈 · · · · · · · · · · · · · · · · · 1컵
슬라이스치즈 · · · · · · · · · · · · 1장
마요네즈 · · · · · · · · · · · · · · · · 1숟갈
피자소스
버터 · · · · · · · · · · · · · · · · · · 1숟갈
토마토케첩 · · · · · · · · · 3~4숟갈
양파 · · · · · · · · · · · · · · · · · · 1/4개
햄 · 70g
파프리카 · · · · · · · · · · · · · · 1/4개
옥수수통조림 · · · · · · · · · · · 1숟갈
양송이버섯 · · · · · · · · · · · · · · 2개
방울토마토 · · · · · · · · · · · · · · 4개
소금 · 후추 · 설탕 · · · · · · 약간씩

♥ 희동이만 따라와~

피자용 떡 만들기

1 찹쌀가루와 멥쌀가루를 섞어 체에 한 번 내린 후 버터와 우유로 수분을 조절한 뒤 체에 한 번 더 내려주고, 설탕을 고루 섞어요.

2 김 오른 찜기에 기름을 바른 시룻밑을 깔고, 원형틀을 올려 준비된 쌀가루를 안쳐서 15~20분간 쪄내요.

피자소스 만들기

3 떡이 쪄지는 동안 소스 재료를 썰어서 준비해 주세요.
• 방울토마토는 십자로 칼집을 내고 끓는 물에 살짝 데쳐 껍질을 벗기고 4등분해요.
• 햄, 양파는 같은 크기로 네모나게 썰어주세요.
• 양송이버섯과 파프리카는 토핑용은 슬라이스 하고, 소스용은 네모나게 썰어두세요.
• 옥수수 통조림은 국물은 따라 버리고 알갱이만 따로 준비해요.

4 달구어진 팬에 버터를 녹인 후, 다진 양파를 투명해 질 때 까지 볶다가 나머지 재료를 넣고 같이 볶아내 주세요.

5 ④에 토마토케첩과 설탕을 조금 넣어주고, 소금, 후추로 간을 하여 조금 더 볶아 소스를 완성해요.
▶ 소스가 너무 질지 않도록 주의하세요, 나중에 떡이 축축해질 수 있어요.

피자 만들기

6 오븐용 팬에 버터를 살짝 발라 둔 데프론시트를 깔고 그 위에 다 쪄진 떡을 올려 준 뒤 손으로 안쪽을 눌러 테두리 모양을 만들어요.

7 손으로 눌러준 떡의 가운데에 마요네즈를 고루 발라주고, 그 위로 미리 만들어 둔 피자 소스를 올려주세요.

8 피자치즈와 슬라이스치즈, 양송이 버섯을 고루 얹어 250℃로 예열된 오븐에서 10~15분 정도 구워내세요.

희동이의 요리팁

✓ 피자소스 만들기가 번거롭다면, 스파게티소스(90g)에 토핑을 더해 쉽게 만들어 보세요.
✓ 콜라 대신 얼음 띄운 식혜와 함께 먹어도 잘 어울려요.

부담 없이 편한맛
김치 털털이

◉ 떡방앗간 스토리

볶은 김치와 쌀가루로 쪄내는
털털한 모양의 설기떡이에요.
밥맛을 잃었을 때 김치 털털이
한 조각이면 입맛이 절로
살아나지요. 밥 해먹기 싫은
주말에 간단한 브런치로 즐겨도
좋고, 여행갈 때 도시락으로도
잘 어울려요.

★ 재료 준비 끝!
원형 미니설기틀 5개 분량

소금 간 된 멥쌀가루	2컵
익은 김치 꼭 짠 것	80g
파 다진 것	1숟갈
마늘 다진 것	0.5숟갈
양파 다진 것	2숟갈
참기름	1숟갈
설탕	1.5숟갈
볶은 참깨	0.5숟갈

1 김치는 익은 것으로 준비해 꼭 짜내고 잘게 썰어두세요.

2 팬에 참기름을 두르고 다진 양파, 마늘, 파를 넣고 볶아주다가

3 썰어둔 김치와 설탕 0.5숟갈, 볶은 참깨를 넣고 마저 볶아냅니다.

4 멥쌀가루는 수분을 조절하고 체에 내려 반씩 나누고, 반은 설탕만 0.5숟갈을, 나머지 반에는 볶은 김치와 설탕 0.5숟갈을 넣고 고루 섞어주세요.

5 시룻밑을 깐 찜기에 미니설기틀을 올리고, 설탕만 섞은 쌀가루를 먼저 안쳐요.

6 그 위로 김치를 섞은 쌀가루를 안쳐주세요.

7 수북하게 쌀가루를 안친 뒤 김 오른 물솥 위에 올려 15~20분간 쪄내요.

희동이의 요리팁

✓ 김치는 프라이팬에서 숨이 죽을 때까지 충분히 볶아주어야 더욱 맛있답니다.
✓ 매운 것이 싫다면 김치를 물에 씻었다가 꼭 짜내어 만들어도 괜찮아요.

한 입에 쏘옥
갈릭 미니설기

🌀 떡방앗간 스토리

항암 효과가 뛰어나다고 잘
알려진 마늘을 보다 달콤하고
고소하게 즐길 수 있는 웰빙
떡케이크예요. 작은 크기로
쪄내면 한 조각씩 깔끔하게
먹을 수 있어 더욱 좋아요.

★ 재료 준비 끝!
원형 미니설기틀 4개 분량

소금 간 된 멥쌀가루 ······· 2컵
통마늘 ··············· 3~5개
버터 ················ 2숟갈
황설탕 ··············· 3숟갈
건파슬리가루 ········· 2찻숟갈
마늘가루 ············· 3찻숟갈
물 ················· 1~2숟갈

1 통마늘은 껍질을 벗겨 잘게 깍둑썰기 해요.

2 프라이팬에 버터 1숟갈을 녹이고 약 ~중간 불에서 썰어둔 마늘을 볶다가 노릇해지면 황설탕 1숟갈을 넣어 조금 더 볶아주세요.

3 쌀가루 2컵에 실온의 버터 1숟갈과 마늘가루를 넣고 손바닥으로 고루 비벼 체에 내린 후, 물로 부족한 수분을 조절해 한 번 더 체에 내려요.

4 여기에 파슬리가루와 ②에서 볶아둔 마늘을 넣어 섞어주고, 다 섞이면 황설탕 2숟갈을 섞어요.

5 시룻밑을 깐 찜기에 미니설기틀을 올리고 각각의 틀에 쌀가루를 안쳐 김 오른 물솥 위에 올려서 15~18분간 쪄내요.

희동이의 요리팁

✔ 건파슬리가루와 마늘가루는 모두 대형 마트에 가면 쉽게 구할 수 있어요. 파슬리가루 대신 쪽파를 종종 썰어 주면 마늘의 향을 좀 더 진하게 느낄 수 있지요.

포장비법
플라스틱 무스컵에 한 조각씩 담고 뚜껑을 닫아 포장하면 떡이 잘 마르지 않으면서도 예쁘게 선물할 수 있어요.

촉촉하게향긋하게
고구마 쑥설기 떡케이크

🔵 **떡방앗간스토리**
고구마를 으깨어 쌀가루를 내고,
여기에 쑥향기까지 더해 만드는
너무나도 촉촉하고 맛있는
떡케이크랍니다.
떡 전용 도장으로 간단하면서도
멋스럽게 장식하는 방법까지
함께 알려 드릴게요.

★ **재료 준비 끝!**

원형틀 1호 기준

소금 간 된 멥쌀가루 · · · · · ·	3컵
고구마 중간크기 · · · · · · · ·	1개
	(삶은 것 150g)
쑥가루 · · · · · · · · · · ·	2찻숟갈
팥배기 · · · · · · · · · · ·	1/2컵
설탕 · · · · · · · · · · · ·	3숟갈

1 고구마는 푹 삶아 껍질을 벗기고 으깬 후 체에 내려 곱게 만들어 두세요.

2 쌀가루에 ①의 고구마를 섞어 수분을 조절하고 체에 두세 번 정도 더 내려줘요.
▶ 수분은 고구마만으로도 충분한데 부족하다 싶으면 물을 넣어요. 고구마를 넣을 때는 수분을 보아가며 넣어주세요.

3 체에 내린 쌀가루에서 2컵은 따로 덜어두고, 나머지 쌀가루에 쑥가루를 넣어 고루 섞은 후 체에 내려주세요.

4 쑥가루를 넣어 체에 내린 쌀가루에만 팥배기를 넣어 섞어두세요.

5 시룻밑을 깔아둔 찜기에 원형틀을 올린 뒤 쑥가루를 넣지 않은 쌀가루 1컵에 설탕 1순갈을 섞고 먼저 안쳐요. 그 위로 쑥가루와 팥배기를 섞어준 쌀가루도 설탕 1순갈을 섞어 모두 안치고, 마지막으로 남은 쌀가루 1컵에도 설탕 1순갈을 섞어 안친 후 표면을 정리해요.

6 쑥가루(재료 외)를 표면 위에 뿌려준 뒤 떡 전용 도장으로 살며시 찍어 모양을 내주세요.

7 김 오른 물솥 위에 올려 15~20분간 쪄내요.

희동이의 요리팁

✔ 호박고구마를 이용하면 노란빛이 더 진해져 먹음직스럽고 예뻐요.
✔ 쑥가루 대신 데친 쑥을 이용하면 더 좋겠죠? 쑥을 직접 데쳐 사용하는 법은 쑥개떡 56쪽을 참고하세요.

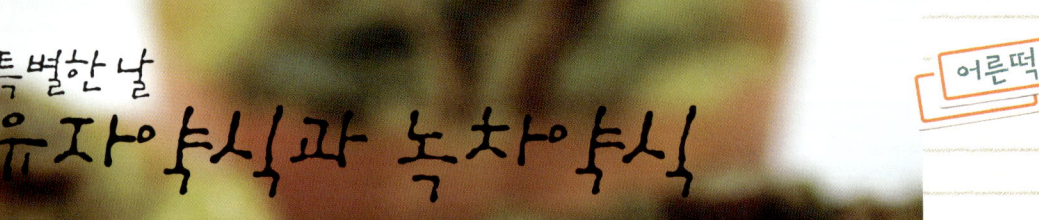

특별한 날
유자약식과 녹차약식

● 떡방앗간 스토리

흔히 해먹는 약식이 식상하다면
노란 빛깔이 상큼한 유자약식은
어떠세요? 예쁜 색 때문에 더욱
사랑받는 유자약식은 겨울철
감기예방에도 좋아요. 과정을
조금만 달리하면 싱그러운 초록
빛깔의 녹차약식도 만들 수
있지요.

★ 재료 준비 끝!

지름 25~30cm 찜기 1개 분량

불리지 않은 찹쌀	3컵(500g)
통치자	4개
설탕	5숟갈
꿀	1숟갈
유자청	2숟갈
통조림밤	10개
건살구(또는 건자두)	5개
호두	5개
호박씨	1숟갈
잣	1숟갈
소금물	
소금	1숟갈
물	1/2컵

1 찹쌀을 깨끗이 씻어 통치자와 함께 최소 5~6시간 정도 불려주세요.
▶ 물에 치자물이 우러나며 찹쌀이 자연스러운 노란빛으로 물들게 돼요. 녹차약식은 그냥 찹쌀만 깨끗한 물에 불려 두세요.

2 불린 찹쌀은 30분간 체에 밭쳐 물기를 제거해 주고 찜통에 올려 30분간 쪄요.

3 찜통에서 찌는 사이사이에 2~3번에 나누어 소금물을 쳐주고 주걱으로 저어가며 간을 맞추어 주세요.

4 찹쌀이 쪄지는 동안 속재료를 손질해요.
▶ 통조림밤은 4등분하고, 건살구도 4등분으로 잘라주고, 호두는 끓는 물에 살짝 데쳐 쓴 맛을 제거해서 4등분하고, 잣은 고깔을 떼어 호박씨와 각각 1숟갈씩 준비해요.

5 유자청은 곱게 다져 놓아요.

6 30분간 쪄낸 찹쌀을 볼에 꺼내고 준비해둔 속재료와 유자청, 꿀과 설탕을 모두 넣어 주걱으로 쌀알이 으깨지지 않도록 고루 섞어요.
▶ 녹차약식의 경우 유자청 대신 녹차가루 2숟갈과 꿀 2숟갈을 진간장 1찻숟갈에 개어 섞어주세요.

7 찜기에 다시 안쳐 20~30분간 더 쪄주고 꺼내세요.

희동이의 요리팁

✔ 유자의 향긋한 향기를 위해 참기름은 사용하지 않는 것이 좋으며, 그릇에 담을 때는 주걱과 그릇에 찹쌀이 달라붙지 않도록 포도씨유나 식용유를 살짝만 발라주세요.

포장비법
예쁜 색깔의 머핀컵에 담아 포장하면 선물용으로도 손색없답니다.

톡톡 씹히는 오곡 알갱이
오곡 찰떡

● 떡방앗간 스토리
쫄깃한 찰떡을 씹을 때마다
검은콩과 수수, 흑미, 기장,
통팥의 알갱이가 그대로 톡톡
씹히는 영양 가득한 오곡
찰떡이에요. 대보름날
영양찰밥 대신 만들어
먹어도 별미랍니다.

★ 재료 준비 끝!
구름떡틀 小 기준

소금 간 된 찹쌀가루	4컵
오곡 섞인 것	1/2컵
설탕	7숟갈
물	3컵과 2숟갈
대추	5개
통조림밤	4개

• 오곡은 마트의 쌀 코너에서 혼합되
어 판매되는 오곡을 이용하세요.

1 냄비에 깨끗이 씻은 오곡과 물 3컵, 설탕 5숟갈을 넣어 젓지 말고 그대로 약한 불에서 시작해 중간 불로 끓여 익혀주세요.

2 ①이 익는 동안 대추는 돌려깎기로 6~8등분해 잘라주고, 통조림밤도 4~6등분 해둬요.

3 오곡이 손으로 비벼 으깨지는 정도로 익으면 썰어둔 대추를 넣어 불을 끄고 1분간 둔 다음 10분 이상 체에 밭쳐 설탕물을 충분히 제거해요.

4 찹쌀가루에 물 2숟갈을 넣어 수분을 조절하고 체에 한 번만 내려준 뒤, 설탕물에 익힌 오곡과 대추, 통조림밤을 넣고 고루 섞어주세요.

5 시룻밑을 깐 찜기에 찹쌀이 들러붙지 않도록 설탕을 조금 뿌려준 뒤 ④의 쌀가루에 남은 설탕 2숟갈을 섞어 안치고 물이 끓는 물솥 위에 올려 20~25분간 쪄내요.

6 구름떡틀에 기름을 바른 비닐을 깔고 쪄낸 떡을 채워 담아 냉동실에서 1시간 정도 굳힌 후에 썰어내세요.

희동이의 요리팁

오곡을 삶아내고 걸러낸 설탕물로 수분을 조절하면 흑미에서 우러난 예쁜 보라빛의 찰떡으로 만들 수도 있어요.

미의 극치
흑임자 구름찰떡

🔵 떡방앗간 스토리

흑임자의 선이 순백의 찹쌀과
어우러져 아름다운 자태를
뽐내는 흑임자 구름찰떡은
각종 견과류를 넉넉히 넣고
쪄내어 맛과 영양까지 모두
뛰어나지요. 썰어낼 때마다
어떤 선이 나타날지 기대하며
만들어 보면 재밌어요.

⭐ 재료 준비 끝!

구름떡틀 小 기준

소금 간 된 찹쌀가루	5컵
통조림밤	5개
대추	5개
호두	5개
잣	1숟갈
서리태	1/2컵
흑임자가루	1/2컵
설탕	3~5숟갈
물	2~3숟갈
설탕물	약간

1 돌려깎은 대추와 호두는 설탕물에 살
짝 데쳐 두세요.
▶ 호두의 쓴맛이 사라지고 대추 틈 사이에 쌀가
루가 끼어 떡이 설익는 것도 방지해요.

2 대추는 6등분, 호두는 4등분으로 잘
라주고, 밤은 크기에 따라 4~6등분
해요. 서리태는 깨끗이 씻어 물에 충분히
불려두거나 끓는 물에 한번 데쳐서 준비
하고 잣은 고깔을 떼어 손질해 두세요.

3 찹쌀가루는 물로 수분을 조절해 체에
한 번 내리고, ②에서 준비한 재료들
을 모두 넣고 고루 섞어 주세요.

4 기호에 따라 설탕 3~5순갈을 섞어
시룻밑을 깐 찜기에 안치는데, 시룻
밑 위에 흑임자고물 또는 설탕을 미리 뿌
리면 찹쌀이 들러붙지 않고 잘 떨어져요.
김 오른 물솥 위에 올려 20~25분간 쪄내
고, 떡을 쪄내는 동안 구름떡틀에 떡전용
비닐을 깔고 식용유를 발라두세요.
▶ 설탕물(또는 소금물)과 1회용 장갑(또는 떡용
실리콘 장갑)도 미리 준비해요.

5 떡이 다 쪄지면 설탕물(또는 소금물)
을 수저에 묻혀가면서 반죽을 잘라
주고, 흑임자가루에 굴려 고루 묻혀 구름
떡틀에 차곡차곡 채워 담아주세요.
▶ 고물은 떡이 뜨거울 때 묻히고 지나치게 많이
묻히지 않도록 주의하세요. 고물이 너무 많으면
떡끼리 서로 잘 붙지 않아요.
▶ 갓 쪄낸 떡은 뜨겁기 때문에 손이 데이지 않도
록 조심해요.

6 틀 안에 채워 넣은 떡은 냉동실에 넣
어 30분~1시간 정도 굳혀 모양을 잡
아주세요.

7 냉동실에서 굳혀낸 떡을 두께 1cm
정도로 썰어내세요.

희동이의 요리팁

✔ 흑임자가루 대신 팥고물, 녹차가루, 콩가루 등 다양하게 활용해서 만들어 보세요. 각
각 다른 느낌의 구름찰떡이 완성된답니다.

흑임자가루 만들기
1 흑임자를 조리로 일어 팬에 볶아 건조시킨 다음 빻아 주고
2 이것을 체에 내려 찜통에 쪄내 불필요한 기름을 제거해준 다음
3 다시 절구에 빻아 체에 내려 건조시키세요.
4 기호에 따라 설탕과 소금을 적당히 가감하면 더욱 맛이 좋아져요.

향기로운 떡
허브송편

● 떡방앗간 스토리
향긋한 허브향이 입 안 가득
상쾌하게 퍼지는 앙증맞은
송편이에요. 직접 허브를 키우고
그 허브로 떡을 만들면 색다른
재미를 느낄 수 있답니다.
자연 그대로의 재료를 사용해서
더욱 특별한 떡이에요.

★ 재료 준비 끝!
약 12~15개 분량

소금 간 된 멥쌀가루 · · · · · · 3컵
설탕물 · · · · · · · · · · 6~7숟갈
참기름 · · · · · · · · · · · · 약간
소
소금 간 된 거피고물 · · · · · · 1컵
꿀 · · · · · · · · · · · · 2~3숟갈
통조림밤 · · · · · · · · · · · · 3개
잣 · · · · · · · · · · · · · 0.5숟갈
허브 · · · · · · · · · · · · · 약간

1 허브는 깨끗이 씻어 물기를 제거하고 칼로 다져 두세요.
▶ 로즈마리, 애플민트 등 좋아하는 허브를 사용하시고, 여분의 허브를 약간 남겨 두세요.

2 밤은 6등분 하고, 잣은 고깔을 떼어 손질해 주세요. 거피고물에 다진 허브와 밤, 잣을 모두 넣고 꿀로 되기를 조절해 섞어준 뒤 동그랗게 소를 뭉쳐 두세요.

3 소금 간 된 멥쌀가루에 끓는 설탕물 (설탕 : 물 = 1 : 1)을 넣어 익반죽해요.

4 반죽을 일정한 크기로 떼어 동그랗게 만들고 소를 넣고 오므려 약간 동글납작한 모양으로 빚어요.

5 빚은 반죽을 김 오른 찜통에서 18~20분간 쪄내요.
▶ 이때 여분의 허브를 함께 넣고 쪄내면 떡에 허브향이 배어나요.

6 다 쪄진 떡은 한 김 나간 후 참기름을 발라 주세요.

희동이의 요리팁

허브 화분은 꽃가게에서 화분 하나당 2,500원~3,000원 정도면 구입할 수 있어요. 서울에서는 강남고속버스 터미널 지하꽃상가에서 2개에 5,000원이란 착한 가격으로 다양한 허브를 팔고 있답니다. 허브는 키우기도 쉽고, 각종 요리에 다양하게 쓰이기 때문에 평소에는 주방 한편에 장식용으로 두었다가 요리할 때 활용하면 좋아요.

럭셔리 디져트
크랜베리 와인경단

🔵 **떡방앗간 스토리**

와인으로 떡을 만들면 어떤
맛이 날까 궁금하지 않으세요?
레드와인으로 반죽하는 찹쌀떡에
새콤달콤한 건크랜베리를
넣어 봤어요. 와인과 함께
먹어도 잘 어울린답니다.

⭐ **재료 준비 끝!**

약 12개 분량

와인시럽
와인 ·············· 1컵
설탕 ············· 1/2컵
반죽
소금 간 된 찹쌀가루 ······ 3컵
와인시럽 ········ 6~7숟갈
소
백앙금 ·············· 1컵
건크랜베리 ········· 2숟갈
와인시럽 ·········· 1/2컵
고물
코코넛가루 ········· 1컵
고명
건크랜베리 ········· 약간

1 냄비에 와인과 설탕을 넣고 젓지 않은 채 설탕이 녹을 때까지만 끓여 알코올을 날려주고 와인시럽을 만들어 두세요.

2 와인시럽의 1/2컵은 반죽용으로 남겨두고, 나머지 1/2컵에는 건크랜베리를 넣어 국물이 자작하도록 졸여내요.

3 ②의 졸여낸 크랜베리는 물기를 제거하고, 잘게 다져 백앙금과 섞어 동그랗게 소를 뭉쳐두세요.

4 찹쌀가루에 반죽용으로 남겨둔 와인시럽을 뜨거울 때 넣어 익반죽해요.

5 반죽을 일정한 굵기로 길게 늘이고 같은 두께로 썰어 동그랗게 뭉쳐 둔 반죽에 소를 넣고 동그란 모양으로 빚어주고

6 끓는 물에 빚은 경단을 넣어 삶다가 떠오르면 1~2분간 더 삶아 속까지 완전히 익혀요.

7 찬 물(또는 얼음물)에 담가 쫄깃하게 만들어 준 다음 체에 밭쳐 물기를 충분히 제거해 주세요.

8 코코넛 가루를 고루 묻혀주고 건크랜베리를 고명으로 얹어내세요.

희동이의 요리팁

✔ 와인은 먹다 남은 레드와인을 이용하면 돼요. 값 비싼 와인이 아니어도 괜찮답니다.

✔ 달콤한 디저트 와인을 사용할 경우에는 설탕 양을 조금 줄여주는 게 좋아요.

✔ 건크랜베리는 건포도나 건블루베리로 대체해도 맛있어요.

일본식 디저트
당고

⊙ 떡방앗간 스토리

당고는 건식 찹쌀가루에
연두부로 반죽해서 삶아내
간장소스에 찍어먹는 일본식
전통 디저트랍니다.
짭조름하면서도 달콤한 맛이
우리의 떡과는 느낌이 조금
달라요. 어르신들이 특히나
좋아할 만한 간식이에요.

★ 재료 준비 끝!

꼬치 12개 분량

건식 찹쌀가루	170g
연두부	150g
소금	0.5찻숟갈
자색고구마가루	약간
볶은 콩가루	약간
팥앙금	약간

간장소스

간장	2숟갈
맛술	1숟갈
설탕	3숟갈
물	1/4컵(50ml)
녹말가루	1숟갈
꿀	1숟갈

1 건식 찹쌀가루에 소금과 연두부를 넣고 반죽해요.

2 표면이 부드러워지고 손에 더 이상 반죽이 묻어나지 않을 때까지 많이 치대어 주세요.

3 반죽을 길게 늘여 조금씩 떼어내 동그랗게 빚어 주세요.
▶ 반죽의 1/3 정도는 자색고구마가루를 넣어 보라색으로 반죽해 주면 좋아요.

4 끓는 물에 동그랗게 빚은 반죽을 넣고 삶아요.

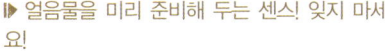

5 물 위로 떠오르면 1~2분간 더 기다렸다가 건져내어 찬 물에 담가 두세요.
▶ 얼음물을 미리 준비해 두는 센스! 잊지 마세요!

6 체에 밭쳐 물기를 충분히 제거해 준 다음 꼬치에 3개씩 꽂아요.

7 간장소스 재료를 냄비에 모두 넣고 설탕이 녹을 때까지 바글바글 끓여 준비해요.

8 꼬치에 꽂아둔 떡에 소스를 발라내요.
▶ 볶은 콩가루를 묻혀 먹거나 팥앙금을 겉에 싸서 함께 먹으면 맛있어요.

희동이의 요리팁

✓ 연두부나 찹쌀가루 모두 제조회사에 따라 수분의 함량이나 성분이 조금씩 차이날 수 있어요. 그래서 연두부의 경우 한 번에 다 넣지 말고 적당히 넣어가며 조절해 주는 게 좋아요.
✓ 건식 찹쌀가루로 만드는 떡은 만들고 바로 먹는 게 가장 맛있답니다. 오래두면 금방 딱딱하게 굳어버려요.

임금님표
두텁떡 케이크

🔵 떡방앗간 스토리

두텁떡은 소금이 아닌 간장으로
간을 해서 만드는 귀한 떡이에요.
예로부터 임금님 생신상에
올랐다고 전해지고 있어요.
궁중 수라간에서 만들던 전통의
그 맛은 살리면서도 현대적인
모양을 가미해 케이크로
만들어 보았어요.

⭐ 재료 준비 끝!

원형틀 2호 기준

찹쌀가루 · · · · · · · · · · · · 5컵	
(소금 간 하지 않고 빻은 것)	
진간장 · · · · · · · · · · · · · 1.5숟갈	
계피가루 · · · · · · · · · · · 0.5찻숟갈	
황설탕 · · · · · · · · · · · · · 3숟갈	
통조림밤 · · · · · · · · · · · · 4개	
대추 · · · · · · · · · · · · · · · 4개	
잣 · · · · · · · · · · · · · · · · 1숟갈	
호두 · · · · · · · · · · · · · · · 4개	
물 · · · · · · · · · · · · · · · 2~3숟갈	

두텁고물

거피고물 · · · · · · · · · · · · 2컵	
(소금 간 하지 않은 것)	
진간장 · · · · · · · · · · · · · 2/3숟갈	
황설탕 · · · · · · · · · · · · · 3숟갈	
계피가루 · · · · · · · · · · · 0.5찻숟갈	

• 두텁떡을 만들 때에는 반드시 소금
간을 하지 않은 찹쌀가루와 거피고물
을 사용해요.

1 거피고물에 진간장과 황설탕, 계피가루를 모두 섞어 마른 팬에 보슬보슬하게 볶아요.

2 볶은 거피고물은 중간체에 내려 곱게 만들어 주세요.
▶ 고물을 체에 내릴 때는 주걱으로 내려주어야 쉽게 상하지 않아요.

3 대추와 호두는 설탕물에 살짝 데쳐 4등분 해두고, 통조림밤도 4등분으로 잘라주세요. 잣은 고깔을 떼고 손질해 둬요.

4 찹쌀가루에 진간장과 계피가루를 섞어 물로 수분을 조절해 체에 한 번만 내리고, ③에서 손질해둔 재료를 모두 섞어요.

5 시룻밑을 깐 찜기에 틀을 올려 볶아둔 거피고물 1컵을 고루 안쳐요. 그 위로 ④의 찹쌀가루에 황설탕을 섞어 모두 틀에 안쳐 준 다음, 나머지 거피고물 1컵을 안쳐 김 오른 물솥 위에 올려 20~25분간 쪄요.
▶ 거피고물과 찹쌀가루를 조금씩 남겨두었다가 찌기 전 마지막 단계에서 찹쌀가루를 약간 올리고 그 위로 거피고물 1숟갈씩을 둥그렇게 한 번 더 올려 찌면 두텁떡 본래의 모습을 살릴 수 있어요.

희동이의 요리팁

전통방식으로 떡을 찔 때는 시룻밑을 깐 찜기에 팥고물을 한 켜 올리고, 그 위에 찹쌀가루를 한 숟갈씩 서로 붙지 않도록 드문드문 떠 놓은 뒤에 다시 봉우리처럼 팥고물을 충분히 얹어 찌면 돼요. 이렇게 해서 쪄내는 두텁떡은 한 김이 나간 후 큰 수저나 주걱으로 떡을 하나씩 꺼내어 모양을 다듬어 내면 된답니다.

딸기향의 장미
딸기 설기

● 떡방앗간 스토리
요즘에는 다양한 모양의 실리콘
틀을 쉽게 구할 수 있어요.
떡을 실리콘 틀에 쪄내면 따로
모양내지 않아도 예쁜 모양의
케이크가 완성되지요. 특히 이
떡은 생딸기를 직접 갈아 넣어
떡을 찌는 내내 향긋한
딸기향으로 행복해져요.

★ 재료 준비 끝!
장미모양틀 5개 분량

소금 간 된 멥쌀가루	2.5컵
딸기	4~5개(80g)
레몬즙	1찻숟갈
동결건조 딸기파우더	2찻숟갈
설탕	3숟갈

1 꼭지를 따내어 깨끗이 씻은 딸기와 딸기파우더, 레몬즙을 믹서에 넣고 곱게 갈아 딸기소스를 만들어요.
▶ 레몬즙은 딸기의 색이 검붉게 변하는 것을 막아요.

2 소금 간이 되어 있는 쌀가루에 딸기 소스를 2~3숟갈 넣고 손바닥으로 고루 비벼 수분을 조절한 뒤 체에 두 번 내려요.
▶ 소스는 한 번에 다 넣는 것이 아니라 수분의 정도를 봐가며 적당히 조절해요.

3 설탕을 넣고 재빨리 섞어 쌀가루를 마무리해요.

4 장미모양의 실리콘 틀에 쌀가루를 안쳐 김 오른 물솥 위에 올려 20~25 분간 쪄내요.

희동이의 요리팁

✔ 실리콘 틀에 쪄낼 때는 일반 무스틀에 쪄낼 때보다 시간을 조금 더 늘려주어야 해요.
✔ 위 레시피의 재료 분량을 2배로 하고 2호 무스틀에 케이크로 쪄내도 좋아요. 중간에 딸기잼을 켜로 넣어 쪄내면 훨씬 더 딸기향이 진해진답니다.

기분이 좋아지는
초코브라우니 설기

◉ 떡방앗간 스토리

기분이 울적할 때면 달콤한
케이크 한 조각이 생각나기
마련이에요. 그런 때 딱 어울리는
진한 초코 브라우니 설기를
소개해요. 호두와 초코칩이
씹히는 푹신푹신한 감촉과
달콤함으로 기분전환을
해보는 건 어떨까요?

★ 재료 준비 끝!

사각틀 1호 기준

소금 간 된 멥쌀가루	5컵
버터	0.5숟갈
초코레진	30g
커버처초콜릿(다크)	10g
생크림	20g
흑설탕	6숟갈
호두분태	3숟갈
초코칩	1숟갈
우유	약간
코팅용 초콜릿	70g

1 소금간이 되어 있는 멥쌀가루에 실온의 버터를 넣고 쌀가루와 비벼 버터 덩어리를 잘게 만들고 체에 내려요.

2 초코레진과 커버처초콜릿, 생크림을 섞어 중탕으로 녹여 초콜릿 소스를 만들어요.
▶ 녹여둔 초콜릿 소스는 그릇째 따뜻한 물 위에 올려 굳지 않도록 해주세요.

3 ①에 초콜릿 소스를 넣고 조금씩 넣어가며 손바닥으로 고루 섞어준 뒤 부족한 수분은 우유로 조절하여 체에 2~3번 내려두세요.
▶ 초콜릿 소스를 한 번에 다 넣으면 쌀가루가 질어질 수 있으니 조금씩 비벼가며 넣어요.

4 ③에 호두분태와 초코칩, 흑설탕을 넣고 재빨리 섞어요.

5 시룻밑을 깐 찜기에 기름칠한 사각틀을 올리고 ④를 안쳐 윗면을 평평하게 다듬은 후 뚜껑을 덮고 그대로 김 오른 물솥 위에 올려 15~20분간 쪄내요.

6 잘 쪄진 떡은 2번 뒤집어 꺼낸 뒤 젖은 면보를 덮어 한 김 식혀두었다가 코팅용 초콜릿을 중탕으로 녹여 윗면에만 고루 발라주고 실온에서 초콜릿을 굳혀내세요.
▶ 초콜릿이 완전히 굳기 전에 구운 견과류를 올려 장식하면 예뻐요.

희동이의 요리팁

달콤한 떡케이크는 작은 크기의 조각 케이크로 만들면 디저트로 딱이에요. 과정 5에서 쌀가루를 안친 뒤 칼집을 내어 쪄내면 조각 케이크가 돼요.

행복이 방울방울
꽃방울 송편

◐ 떡방앗간 스토리

송편을 예쁘게 빚는 일이 너무
어려워 고민이라면 꽃방울
송편을 적극 추천합니다.
손가락 자국 낼 필요 없이
동그랗게 빚으면 되니까 훨씬
간편해요. 여기에 몰드로 찍어낸
꽃을 얹어 주면 앙증맞고도
예쁜 송편이 탄생한답니다.

★ 재료 준비 끝!
약 10~12개 분량

기본 반죽
소금 간 된 멥쌀가루 · · · · · · · 3컵
끓는 물 · · · · · · · · · · 6~7숟갈
꽃반죽
소금 간 된 멥쌀가루 · · · · · · · 1컵
단호박가루 · 쑥가루 · 딸기가루 ·
자색고구마가루 · 황치즈가루 ·
· · · · · · · · · · · · · · · · 약간
끓는 물 · · · · · · · · · 2~3숟갈
소
통조림밤 · · · · · · · · · · · · 7개
대추 · · · · · · · · · · · · · · 2개
잣 · · · · · · · · · · · · · · 1숟갈
꿀 · · · · · · · · · 2~3찻숟갈
기타 재료
참기름 · · · · · · · · · · · · · 약간

1 통조림밤은 잘게 다지고, 대추는 돌려깎아 밤과 같은 크기로 썰고 잣과 꿀을 섞어서 소를 준비해요.

2 기본 반죽 쌀가루는 끓는 물로 익반죽을 해주세요.

▶ 꽃반죽용 쌀가루 1컵도 5등분하여 각각의 색내기용 가루를 조금씩 섞은 후 다섯 가지로 익반죽을 해두세요.

3 반죽을 밤알 정도 크기로 일정하게 떼어내 둥글게 빚은 뒤 가운데에 소를 넣고 다시 오므려 동그랗게 빚어요.

4 각각의 색을 낸 반죽을 얇게 밀어준 뒤 꽃모양 몰드로 찍어내어 동그랗게 빚어낸 송편 위에 붙여 주세요.

▶ 꽃에 물을 살짝 묻혀 붙이면 더욱 잘 붙어요.

5 시룻밑을 깐 찜기에 송편을 올려 김이 오른 물솥 위에서 18~20분간 쪄내요.

6 다 익으면 대나무 찜틀을 통째로 들어 찬 물을 끼얹은 후 참기름을 담아둔 볼에 넣어 고루 묻혀요.

▶ 송편은 충분히 식은 다음에 먹어야 더욱 쫄깃하고 맛있어요.

희동이의 요리팁

포장비법

꽃방울 송편처럼 작은 떡을 선물할 때에는 종이 포일을 상자보다 조금 더 크게 잘라 깔아준 뒤 차곡차곡 떡을 채워 담아 포장하면 좋아요. 마르지 않도록 뚜껑은 반드시 덮어 선물하세요.

달콤한 사랑이야기
하트 송편

● 떡방앗간 스토리

핑크색의 하트가 보기만 해도
사랑스러워요. 새콤달콤한
크랜베리를 다져넣은 크림치즈
소가 가득해 맛 또한
일품이랍니다. 사랑하는
마음을 말로 다 전하기 힘들다면
이렇게 하트모양의 예쁜
송편을 수줍게 내밀어 보세요.

★ 재료 준비 끝!

약 10~12개 분량

반죽

소금 간 된 멥쌀가루	3컵
딸기가루	1찻숟갈
끓는 물	6~7숟갈

소

백앙금	2/3컵
크림치즈	2숟갈
건크랜베리	1숟갈

기타 재료

포도씨유	약간

1 크랜베리를 잘게 다지고 백앙금, 크림치즈와 섞어 동그랗게 뭉쳐 소를 만들어 두세요.

2 쌀가루는 1.5컵씩 둘로 나누고 한쪽에만 딸기가루를 더해 각각 끓는 물로 익반죽을 해주세요.

3 반죽을 각각 6등분씩 12등분으로 나누어 둥글게 빚은 뒤 가운데에 소를 넣고 다시 오므려 동글납작하게 만들어요.
▶ 엄지와 검지를 이용하여 하트모양으로 예쁘게 빚어내요.

4 시룻밑을 깐 찜기에 빚어낸 송편을 올려 김이 오른 물솥 위에서 18~20분간 쪄내요.

5 다 익으면 대나무 찜틀을 통째로 들어 찬 물을 끼얹은 후 기름을 담아둔 볼에 넣어 고루 묻혀내요.
▶ 참기름보다는 포도씨유를 사용해야 크림치즈의 향이 더욱 살아요.

희동이의 요리팁

포장비법
하트송편을 만들어 초콜릿 상자에 담아 포장하면 더 예쁘게 선물할 수 있어요.

우아한 떡의 변신
단호박떡 감자몽블랑

⊙ 떡방앗간 스토리

프랑스 알프스지역 몽블랑은
유럽의 최고봉이라고 알려져
있는 곳이죠. 몽블랑 케이크의
이름은 이 최고봉을 연상
시킨다고 해서 붙여졌다고 해요.
단호박떡과 감자크림으로
우리 떡의 우아한 변신을
경험해보세요.

★ 재료 준비 끝!

사각틀 1호 기준 / 4개 분량

소금 간 된 멥쌀가루 · · · · · · · 1컵
소금 간 된 찹쌀가루 · · · · · · · 1컵
단호박가루 · · · · · · · · · 2찻숟갈
황설탕 · · · · · · · · · · · 2숟갈
물 · · · · · · · · · · · · 2~3숟갈
감자크림
감자 · · · · · · · · · 5~6개(250g)
백앙금 · · · · · · · · · · · 1/2컵
설탕 · · · · · · · · · · · · 2숟갈
연유 · · · · · · · · · · · · 1숟갈
생크림 · · · · · · · · · · · 1/2컵
소금 · · · · · · · · · · · · 약간

❤ 희동이만 따라와~

1 푹 쪄낸 감자는 뜨거울 때 소금과 설탕을 넣고 충분히 으깨 체에 내려 준비해요.
▶ 체에 곱게 내려야 몽블랑 깍지로 짤 때 막히는 걸 방지할 수 있어요.

2 단단하게 휘핑한 생크림에 1의 감자와 백앙금, 연유를 섞어 감자크림을 만들어요.

3 감자크림의 반만 몽블랑 깍지를 끼운 짤주머니에 담아 주세요.
▶ 나머지 반은 떡과 떡 사이에 넣기 위해 남겨놓아요.

4 준비한 멥쌀가루와 찹쌀가루에 단호박가루를 넣고 물(또는 우유)로 수분을 조절해 체에 2번 내려요.

5 시룻밑을 깐 찜기에 기름 바른 사각틀을 올리고 쌀가루에 황설탕을 섞어 체에 안친 후 김 오른 물솥 위에서 15~20분간 쪄내요.

6 쪄낸 떡은 한 김 식힌 뒤에 컵 크기에 맞게 잘라주세요.

7 컵 속에 잘라낸 떡을 한 조각 채워 담고 그 위로 감자크림을 올린 뒤 다시 떡을 한 조각 더 올린 다음 몽블랑 깍지를 이용해 감자크림을 듬뿍 짜주세요.

희동이의 요리팁
떡을 썰 때는 떡이 들러붙지 않도록 칼에 기름을 살짝 발라주면 좋아요.

부드러움과 쫄깃함이 하나로
초코크림 컵케이크

🌀 떡방앗간 스토리
찹쌀과 멥쌀을 섞어서 쪄내는
달콤한 초코떡과 입속에서
사르르 녹는 초코크림을 층층이
쌓아서 만드는 컵케이크에요.
예쁜 무스컵에 담아서 만들기
때문에 먹기에도 편하고,
뚜껑을 덮어 그대로 선물하면
마를 염려도 덜어 주지요.

★ 재료 준비 끝!
원형틀 2호 기준 / 4개 분량

소금 간 된 멥쌀가루	3컵
소금 간 된 찹쌀가루	1컵
코코아가루	1찻숟갈
버터	1숟갈
설탕	5숟갈
우유	3~4숟갈

초코앙금크림

백앙금	2컵
생크림	1/2컵
코코아가루	1숟갈

장식

코코아가루	1컵

♥ 희동이만 따라와 ~

1 멥쌀가루, 찹쌀가루, 코코아가루를 섞어 체에 한번 내리고, 실온의 버터와 우유를 넣고 손바닥으로 고루 비벼 체에 한 번 더 내려 설탕을 섞어요.
▶ 먼저 버터로 수분을 조절해 주고 부족한 수분은 우유를 더해 조절해요.

2 시룻밑을 깔아둔 찜기에 기름 바른 원형틀을 올리고 준비한 쌀가루의 반만 안쳐서 물이 끓는 물솥 위에서 15~20분간 쪄요.

3 떡이 쪄지는 동안 생크림은 거품기로 단단하게 휘핑하고 백앙금과 코코아가루를 넣고 고루 섞어 초코앙금크림을 만들어 두세요.

4 다 쪄진 떡은 한 김 식힌 후에 컵 크기에 맞는 모양 틀로 찍어 준비해 주세요.
▶ 남는 떡은 대강 뭉쳐서 밀대로 밀고 다시 모양 틀로 찍어주면 돼요.

5 컵에 초코떡을 깔고 꼭꼭 눌러준 뒤 컵의 1/2 정도까지 초코앙금크림을 넣고 다시 그 위로 초코떡을 넣은 다음 컵 가득 초코앙금크림을 담아요.

6 윗면이 평평해지도록 마무리한 뒤 코코아가루를 뿌려서 장식해주세요.
▶ 쌀가루의 나머지 반도 한 번 더 쪄서 같은 방법으로 만들면 컵케이크 2개가 더 만들어 진답니다.

희동이의 요리팁

✔ 코코아가루는 요리용으로 나오는 무가당을 사용해야 초코의 진한 맛을 느낄 수 있고 색도 훨씬 진하답니다.

포장비법
플라스틱 무스컵은 방산시장 등에서 쉽게 구할 수 있는데 꼭 뚜껑도 함께 구입해야 선물하기 좋아요.

앙증맞은
꽃절편 미니 잣설기

● 떡방앗간 스토리

절편으로 만든 예쁜 꽃을 올려서
장식하는 앙증맞은 미니
잣설기예요. 잣이 가지고 있는
기름성분이 떡의 노화를 늦추어
주고, 구수한 맛을 살려주어
은은하면서도 고급스러워요.
조각케이크 상자에 담아
선물하면 더욱 좋아요.

★ 재료 준비 끝!
미니설기 4개 분량

소금 간 된 멥쌀가루 · · · · · · · 3컵
잣가루 · · · · · · · · · · · · 3숟갈
설탕 · · · · · · · · · · · · · 3숟갈
꽃절편 · · · · · · · · · · · 4송이
물 · · · · · · · · · · · · · 3~4숟갈

잣가루 만드는 법은 42쪽 참고

1 찜기에 시룻밑을 깔고 미니설기틀을 올려 기름을 미리 발라두세요.
▶ 기름을 꼼꼼히 발라야 떡을 꺼낼 때 모양이 일그러지는 것을 막을 수 있어요.

2 멥쌀가루에 물을 더해 수분을 조절해요.

3 쌀가루들을 한주먹 쥐었다 펴서 흔들었을 때 깨지지 않는 정도로 조절해준 뒤 한 번 더 체에 내려요. 체에 내린 쌀가루에 잣가루를 섞고,

4 마지막으로 체에 1~2회 정도 더 내려 쌀가루들을 곱게 만들어 주세요.
▶ 중간체에 한번 내려주고, 고운체에 한 번 더 내려주면 훨씬 촘촘한 단면으로 만들 수 있어요.

5 이렇게 내린 쌀가루에 설탕을 고루 섞어주세요.
▶ 설탕은 맨 마지막에 섞어야 떡이 뭉치지 않아요.

6 ①의 기름을 발라둔 틀에 ⑤의 쌀가루를 안쳐주세요.
▶ 남은 쌀가루들을 찜기의 빈 공간에 뿌려 구멍을 메워주면 증기가 고루 올라와 떡이 더욱 잘 익어요.

7 뚜껑을 덮고 물이 끓는 물솥 위에 올려 15~20분간 쪄내면 미니 잣설기가 완성이에요.

8 미리 만들어 둔 꽃절편을 잣설기가 뜨거울 때 올려 장식하세요.
▶ 뜨거울 때 올려줘야 떡과 떡이 서로 잘 붙어요.

희동이의 요리팁

급하게 떡을 만들어 선물해야 한다면 꽃절편만 전날 미리 만들어 두었다가 기름을 발라 서로 붙지 않도록 밀폐용기에 담아 얼려두세요. 설기를 찌고 남은 증기에 꽃절편을 살짝 녹였다가 사용하면 시간을 절약해서 만들 수 있지요. 하지만 그만큼 꽃절편이 빨리 굳을 수 있으니 이 방법은 정말 급할 때만 사용하도록 하세요.

정성으로 쌓는 6단
콩가루무스 떡케이크

희동아 엄마다
Made by. 희동이

◉ 떡방앗간 스토리

웰빙으로 꽉꽉 채운 3단설기에
통팥으로 만드는 필링이 2단,
고소한 콩가루 무스까지
총 6단을 자랑하는 정성이
가득 담긴 떡케이크랍니다.
많은 분들이 궁금해 하셨던
희동이의 비밀 레시피를
공개할게요.

★ 재료 준비 끝!

원형틀 2호 기준

설기

소금 간 된 멥쌀가루	5컵
녹차가루	1숟갈
흑임자고물	2숟갈
설탕	5~6숟갈
물	5~6숟갈
무스띠	

무스

콩고물	1.5숟갈
백앙금	75g
한천가루	3/4숟갈
물	3/4컵
연유	1숟갈
설탕	1숟갈
물엿	1숟갈
소금	약간

**무스 만드는 법은
인절미 양갱 240쪽 참고**

통팥필링

붉은팥	1컵
물	5컵
소금	0.5찻숟갈
설탕	1/3~1/2컵
옥수수전분	1숟갈

장식(견과류정과)

피스타치오	10알
호두	4쪽
통아몬드	5알
건무화과	3개
캐슈넛	4알
설탕	2/3컵
물	2/3컵
물엿	1숟갈

통팥필링 만들기

1 팥을 깨끗이 씻어 잠길 정도의 물을 붓고 센 불에서 삶다가 끓으면 물을 따라 버린 후 다시 물을 4~5컵 붓고 35~40분간 삶아내요.

2 주걱을 이용하여 살짝 으깨면서 졸여내다가 물이 자작해지면 설탕과 소금을 넣어주고, 마지막에 전분을 푼 물(옥수수전분 1숟갈+물2숟갈)을 넣어 약한 불에서 저어가며 졸여내요.

3 수분이 모두 줄어들면 불을 끄고 식혀요.

설기 찌기

4 쌀가루를 한 번 체에 내린 뒤 수분을 조절하고 다시 체에 내려 3등분해요.
▶ 흰색은 2컵, 흑임자 설기와 녹차설기는 각각 1.5컵씩으로 나누어 둬요.
흰색용으로 나누어둔 2컵은 그대로 두고, 나머지 1.5컵 중 하나는 흑임자 가루를, 다른 하나는 녹차가루를 넣고 각각 물 1/2~1숟갈을 더해 고루 섞어준 뒤 체에 곱게 내린 후 설탕을 1.5~2숟갈씩 섞어요.
▶ 흑임자와 녹차가루는 물을 조금 더 더해야 수분이 부족해 지지 않아요.

5 시룻밑을 깐 찜기에 기름 바른 틀을 올리고 흑임자를 섞은 쌀가루를 먼저 안친뒤 통팥필링의 반을 먼저 고루 깔아요.
▶ 가장자리에서부터 1cm 정도 떨어뜨려 필링을 앉혀야 떡과 떡이 서로 분리되지 않아요

6 그 위로 녹차가루를 섞은 쌀가루를 안친 뒤, 다시 통팥필링을 올리고, 흰색의 쌀가루를 안쳐 표면을 정리하고 끓고 있는 물솥 위에 올려 15~20분간 쪄내요.

7 떡이 다 쪄지면 두 번 뒤집어 꺼내고, 젖은 면보를 덮어 충분히 식힌 후 투명한 무스띠를 둘러주세요.

8 무스(인절미 양갱)를 만들고 한 김 식힌 후에 무스띠를 둘러둔 떡 위에 부어 실온에서 굳혀주세요.

9 ⑧이 굳을 동안 냄비에 설탕과 물, 견과류들을 젓지 말고 끓이다가 설탕이 다 녹으면 물엿을 넣고 약한 불에서 중간 불로 윤이 나도록 졸여내 정과를 만들어요.
▶ 접시에 하나씩 떨어트려 식힌 뒤 완전히 굳은 무스 위에 올려 장식하세요.

최동이의 요리팁

✓ 견과류 장식을 올릴 때에는 떡을 충분히 식혀야 정과 위에 코팅된 설탕들이 녹아내리지 않아요.
✓ 무스띠는 단단히 둘러주어야 무스가 떡 아래로 흘러내리는 것을 방지할 수 있어요.

밀키브라운 떡케이크

💿 떡방앗간 스토리

은은한 빛으로 정제되어
세련미가 돋보이는 무스
떡케이크예요. 캐러멜설기와
아몬드설기 사이에 부드럽고
달콤한 고구마 필링을 채우고,
체스트넛 무스로 마무리해
가을 느낌이 물씬 풍겨요.

★ 재료 준비 끝!

원형틀 2호 기준

고구마필링

찐 고구마	200g
(고구마 큰 것 1개 분량)	
생크림	2~3숟갈
계피가루	0.5~1찻숟갈
설탕	1~2숟갈

캐러멜시럽

설탕	2숟갈
물	0.5숟갈
생크림	4숟갈

설기

• 아몬드설기

소금 간 된 쌀가루	2.5컵
아몬드가루	3숟갈
단호박가루	2찻숟갈
바닐라오일	0.5찻숟갈
설탕	3숟갈
생크림	2~3숟갈

• 캐러멜설기

소금 간 된 쌀가루	2.5컵
코코아가루	1찻숟갈
캐러멜시럽	2~3숟갈
설탕	2숟갈

체스트넛무스

한천	1숟갈
물	3/4컵
설탕	3숟갈
밤크림	90g
바닐라오일	1찻숟갈
생크림	3숟갈
소금	약간
물엿	1숟갈

기타

무스띠

장식용 민트잎(나뭇잎)	약간
통조림밤	2개

캐러멜시럽 만들기

1 냄비에 설탕과 물을 넣고 중간 불에 젓지 말고 끓여요. 설탕이 진한 캐러멜 색이 되면 불을 끈 후 중탕으로 데워 둔 생크림을 조금씩 부어 저어가며 시럽을 완성해 식혀두세요.

▶ 설탕을 센 불에서 오래 끓이면 탄 맛이 강하게 날 수 있어요.
▶ 차가운 생크림을 그냥 부으면 냄비 밖으로 튀어 위험해요. 반드시 전자레인지나 중탕으로 데워 사용해요.

고구마필링 만들기

2 고구마는 껍질을 벗기고 쪄내어 뜨거울 때 덩어리 없이 으깨요. 여기에 생크림과 계피가루, 설탕을 더해 고루 섞어 필링을 만들어요.

▶ 생크림은 1숟갈씩 넣어가며 되기를 조절하는데, 너무 질면 떡이 축축해지니 주의하세요.
▶ 과정 2를 짤주머니에 담아 준비해 두세요.

설기 찌기

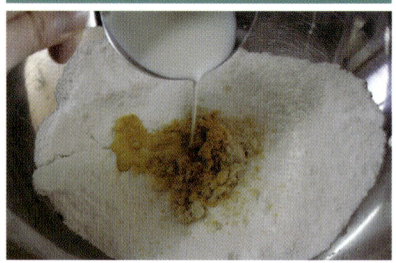

3 쌀가루 2.5컵에 아몬드가루, 단호박가루, 바닐라오일을 섞고, 생크림으로 수분을 조절한 뒤 체에 2~3번 내려요.

4 나머지 쌀가루 2.5컵에는 코코아가루를 섞고, 미리 만들어 둔 캐러멜시럽으로 수분을 조절한 다음 체에 2~3번 내려요.

5 시룻밑을 깔아둔 찜기에 기름칠한 틀을 올리고 '캐러멜설기-고구마필링-아몬드설기' 순으로 안치는데 고구마필링은 짤주머니로 가장자리에서 1cm 정도 띄어 둥글게 짜요.

▶ 설탕은 쌀가루를 찜기에 안치기 바로 직전에 섞어줘요.
▶ 필링이 너무 두꺼우면 나중에 떡의 표면이 갈라지는 원인이 돼요.

6 김 오른 물솥 위에 올려 15~20분간 쪄낸 후 꺼내어 젖은 면보를 덮어 충분히 식혔다가 투명한 무스띠를 둘러요.

7 떡이 쪄지는 동안 냄비에 물과 한천 가루를 넣고 5분 이상 불려뒀다가 약한 불에서 청이 생길 때까지 젓지 말고 끓여요.

8 청이 잡히면 설탕을 먼저 넣고 저어가며 완전히 녹여준 뒤 밤크림, 생크림, 바닐라오일, 소금을 넣고 약한 불~중간 불에 계속 저어가며 끓여요. 마지막으로 물엿을 넣고 1분 정도 저어가며 더 끓인 뒤 불을 끄고 잠시 식혀두세요.

9 무스띠를 둘러둔 설기 위에 한 김 식힌 체스트넛무스를 부어 실온에서 30분 이상 충분히 굳혀내세요.
▶ 무스띠는 단단히 둘러주어야 떡 속으로 무스가 흘러내리지 않아요.

희동이의 요리팁

가을철엔 낙엽으로 장식하면 굉장히 멋스럽답니다. 낙엽은 그냥 올리는 것보다 광택제를 발라서 장식해 보세요.

사랑이 샘솟는
러브봉봉 떡케이크

● 떡방앗간 스토리

핑크빛의 무스가 절로 사랑을
샘솟게 해주는 이름만큼이나
사랑 넘치는 케이크랍니다.
서양의 재료와 떡이 아주 예쁘게
만났어요. 기쁘고 좋은 일이라면
어디에나 잘 어울리는 특별한
선물이 될 거예요.

★ 재료 준비 끝!

원형틀 2호 기준

치즈설기

소금 간 된 멥쌀가루	4컵
크림치즈	60g
설탕	5숟갈
우유	2~4숟갈

커피설기

소금 간 된 멥쌀가루	1컵
커피진액	1찻숟갈
초코칩	1숟갈
우유	1~2숟갈
설탕	1.5숟갈

케이크 속

다크체리 통조림	15알

핑크초콜릿무스

한천	1숟갈
물	2/3컵
화이트초콜릿	75g
생크림	4숟갈
설탕	2숟갈
딸기가루	1찻숟갈
물엿	2찻숟갈

장식

꽃 절편	적당량

설기 찌기

1 다크체리 통조림은 미리 체에 밭쳐 물기를 충분히 제거해 두세요.

2 쌀가루 중 4컵에 크림치즈를 넣어 손바닥으로 고루 비벼주고 부족한 수분은 우유로 조절해 체에 내려 준비해요.
▶ 냉장고에 넣어둔 크림치즈가 너무 단단하다면 렌지에 살짝만 돌려주세요.

3 나머지 쌀가루 1컵에는 커피진액을 넣고 고루 비벼준 뒤 우유로 수분을 조절해 체에 내려요.

4 ③에 초코칩을 더해 고루 섞어두세요.

5 시룻밑을 깐 찜기에 기름칠한 원형 틀을 올리고, ④에 설탕 1순갈을 넣어 섞은 뒤 바로 안쳐주세요.

6 ①의 다크체리를 골고루 얹어주고,
▶ 가장자리의 체리를 틀에 바짝 붙여 얹으면 떡을 쪘을 때 예뻐요.

7 얹은 체리가 움직이지 않도록 조심하며 크림치즈를 섞어 만들어둔 쌀가루에 설탕을 섞어 위에 안치고 표면을 고르게 정리해 준 뒤 물이 끓는 물솥 위에 올려 15~20분간 쪄내요.

핑크초콜릿무스 만들기

8 떡이 쪄지는 동안 분량의 화이트초콜릿과 생크림을 섞어 중탕으로 서서히 녹여요.

9 떡이 쪄지면 2번 뒤집어 꺼내어 젖은 면보를 덮어 식혀두고 냄비에 물과 함께 5분 이상 미리 불려둔 한천을 약한 불에 끓여 청을 잡아주세요.
▶ 끈끈한 풀과 같은 상태를 청이 잡혔다고 말해요.

10 청이 잡히면 설탕을 넣고 충분히 녹여 덩어리가 없도록 해주세요.

11 여기에 ⑧에서 중탕으로 녹인 화이트 초콜릿과 생크림을 넣어 저어가며 끓여주세요.

12 딸기가루 1찻숟갈을 넣어 연한 핑크빛을 만들어 주고

13 마지막으로 물엿을 넣고 30초~1분 정도 더 끓여 마무리해요.

14 완전히 식힌 케이크에 무스띠를 두르고, 한 김 식힌 핑크초콜릿 무스를 케이크 위에 얹어 실온에서 굳히세요.

15 무스가 단단히 굳으면 꽃모양으로 만든 절편을 올려 예쁘게 장식해요.

희동이의 요리팁

무스에 들어가는 생크림은 설탕이 가미되지 않은 순수한 크림을 말해요. 한천으로 무스를 만들 때는 설탕이 들어가야 단단해 지기 때문에 설탕이 미리 가미되어 있는 휘핑크림이 아닌 무가당 생크림을 사용해야 해요.

발렌타인데이용 떡
헤즐넛 쉘초콜릿 경단

● **떡방앗간 스토리**

떡을 만들기 시작하면서부터
어떻게 하면 시중에서 파는 수제
초콜릿보다 훨씬 더 맛있는
초콜릿 떡을 만들 수 있을까를
고민했었죠. 뜨겁게 쪄내야 하는
떡과 열기에 녹아내리는
초콜릿을 어떻게 하나로 담아낼
수 있었을까요?

★ **재료 준비 끝!**

10개 분량

반죽

소금 간 된 찹쌀가루	2컵
설탕	2숟갈
코코아가루	1숟갈
끓는 물	4~6숟갈

헤즐넛 쉘

쉘 초콜릿	10개
헤즐넛 프라린	30g
커버처 초콜릿	10g
헤즐넛	15개

고물

코팅용 초콜릿	100g
코코아가루	1/2컵
코코피넛	1/2컵

1 헤즐넛은 미리 마른 프라이팬이나 오븐에 살짝 구워두세요.

2 구운 헤즐넛을 질긴 비닐 팩에 넣고 방망이로 두드려 분태를 만들어요.
▶ 헤즐넛 분태의 크기는 너무 크지 않도록 곱게 잘 으깨 주세요.

3 냄비에 뜨거운 물을 담아두고 볼에 헤즐넛 프라린과 커버처 초콜릿을 담아 중탕으로 완전히 녹여요.

4 여기에 헤즐넛 분태 만든 것을 넣고 고루 섞어 초콜릿 필링을 완성해요.

5 구멍이 막힌 비닐 짤주머니에 필링을 모두 담고

6 짤주머니 끝을 가위로 잘라 쉘 초콜릿에 필링을 짜서 가득 채워 담은 후

7 냉장고에서 30분 이상 충분히 굳혀 주세요.

8 쉘초콜릿이 굳는 동안 찹쌀가루에 설탕, 코코아가루를 넣고 끓는 물로 익반죽해요.

9 반죽의 색이 고루 나고 손에 반죽이 더 이상 묻어나지 않을 때까지 찰지게 반죽해요.

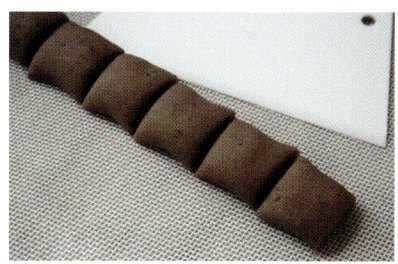

10 반죽을 일정한 두께로 길게 늘여준 뒤 10등분으로 잘라 주세요.

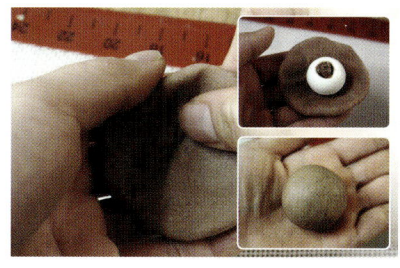

11 반죽을 동그랗게 둥글려 준 뒤 넓게 펴고, 중앙에 굳혀낸 쉘초콜릿을 얹어준 뒤 반죽을 위로 잘 감싸 동그랗게 빚어요.

12 끓는 물에 넣고 물에 떠오를 때까지 기다렸다가, 떠오른 후 30초간 더 삶아요.

13 다 삶아낸 떡은 꺼내자마자 찬 물(얼음물)에 1분간 담가요.
▶ 떡의 쫄깃한 맛이 살아나고 반죽이 식으면서 단단해 지기 때문에 작업이 쉬워져요.

14 찬 물에서 식혀낸 떡은 체에 밭쳐 물기를 빼주고,

15 코코아가루에 골고루 굴려 물기를 완전히 없애 주세요.

16 코팅용 초콜릿을 중탕으로 녹이고 코코아가루를 묻혀낸 떡을 굴려 고루 묻혀 주세요.

17 초콜릿이 굳기 전에 코코피넛을 묻혀 내세요.

희동이의 요리팁

✔ 마지막에 코코피넛 대신 한 번 더 코코아가루를 묻히거나 스노슈가 등 다른 재료들에 굴려주면 각기 다른 느낌의 여러 가지 초콜릿 떡을 만들 수 있어요.
✔ 떡은 냉동실에 단단히 밀봉하여 넣어두었다가 실온에서 녹여 먹으면 쫄깃한 맛 그대로를 언제나 즐길 수 있어요.

포장비법
화과자 상자에 하나씩 담아 선물하면 좋아요.

PART4

희동이네
떡방앗간

우리 쌀로 만드는
신토불이 쌀베이킹

초간단 쌀베이킹
우유달걀 찜머핀

떡을 찌듯 찜기로 쪄서 간단히
만들 수 있는 머핀이에요.
우유와 달걀이 많이 들어가는
데다가 버터 없이 만들 수 있어
더욱 안심하고 먹을 수 있어요.

★ 재료 준비 끝!

머핀컵 6개 분량

박력쌀가루	200g
달걀	3개
우유	120g
설탕	90g
포도씨유	30g
베이킹파우더	2찻숟갈
소금	2찻숟갈
단호박가루	2찻숟갈
녹차가루	2찻숟갈

1 볼에 달걀과 설탕을 넣고 설탕이 녹을 때까지만 거품기로 잘 풀어요.

2 포도씨유를 흘려서 넣어가며 계속 저어주고, 우유도 같은 방법으로 넣어서 분리되지 않도록 섞어 주세요.

3 여기에 박력쌀가루와 베이킹파우더, 소금을 2~3번 정도 체에 쳐서 넣어요.

4 주걱을 이용해 날가루가 보이지 않을 정도로만 섞어요.
▶ 주걱을 아래에서 위로 쓸어 올리듯 퍼 올려 가며 섞어야 공기가 고루 들어가요.

5 반죽을 반으로 나누어 단호박가루와 녹차가루를 각각 넣고 주걱으로 공기를 살려주며 고루 섞어 준 뒤 랩을 씌워 냉장고에서 최소 30분~1시간 정도 휴지시켜 주세요.

6 머핀컵에 80% 정도 채워 담고 김 오른 찜통에서 20~25분간 쪄주세요.

희동이의 요리팁

요리 비법

쌀가루로 베이킹을 할 때에는 베이킹 전용 쌀가루를 사용해야 해요.
빵이나 과자를 만들기 위해서는 단백질 글루텐의 역할이 중요한데, 쌀가루는 밀가루에 비해 글루텐의 함유량이 낮아 베이킹을 하기가 쉽지 않거든요. 이러한 문제점을 보완하기 위해 쌀에도 글루텐을 첨가해 베이킹에 적합하도록 개발되었어요. 글루텐이 함유된 정도에 따라 박력쌀가루, 강력쌀가루, 중력쌀가루로 나뉘는데, 과자나 케이크류를 만들때에는 박력쌀가루, 빵을 만들때는 강력쌀가루를 사용해요. 베이킹 전용 쌀가루는 인터넷 쇼핑몰에서 쉽게 구입할 수 있어요.

✔ 단호박가루와 녹차가루 외에 딸기가루나 코코아가루를 이용해 여러 가지 빛깔의 찜머핀을 만들어 보세요.
✔ 과정 4까지 반죽을 완성한 후에 팥배기나 완두배기, 콩배기 등을 넣어서 만들면 씹히는 맛이 좋아지고 호두나 땅콩 같은 견과류를 넣어 만들어도 고소하답니다.

당근 좋아
당근 찜케이크

○ 떡방앗간 스토리

당근을 싫어하던 제 입맛을
바꾼 계기가 되어준 케이크에요.
당근이 보일 만큼 잔뜩 들어 있는
케이크인데도 당근 특유의
향기는 느껴지지 않고 진한
시나몬 향이 자연스럽게
어우러지는 맛이랍니다. 오븐
없이 만들 수 있어 간편해요.

★ 재료 준비 끝!

구름떡틀 小 기준

박력쌀가루	200g
계피가루	2찻숟갈
소금	1.5찻숟갈
베이킹파우더	2찻숟갈
포도씨유	30g
달걀	2개
황설탕	100g
꿀	15g
채 썬 당근	150g
우유	90g

1 박력쌀가루, 소금, 계피가루, 베이킹 파우더를 섞어 2~3번 정도 미리 체에 쳐 준비해요.

2 볼에 달걀을 풀고 황설탕을 조금씩 나누어 넣어가며 거품기로 섞다가 황설탕이 어느 정도 녹으면 꿀도 함께 넣어 섞어주세요.

3 포도씨유를 흘려 넣어가며 거품기로 계속 저어주고, 우유도 같은 방법으로 조금씩 넣어가며 분리되지 않도록 섞어요.

4 체에 내려둔 가루들에 ③을 부어 주걱으로 날가루가 보이지 않도록 섞어요.
▶ 공기가 꺼지지 않도록 주걱을 밑에서 위로 올리듯 섞어 주세요.
반죽이 어느 정도 섞이면 채 썬 당근도 함께 넣어 섞어요.
▶ 채 썬 당근은 조금 남겨두었다가 나중에 장식용으로 쓰세요.

5 종이 포일이나 유산지를 깔아둔 틀에 반죽을 80%까지만 채워주고, 채썬 당근을 위에 뿌려요.

6 김 오른 찜기에 올려 25~30분간 쪄낸 후 틀 째로 충분히 식혔다가 조심스럽게 케이크를 꺼내주세요.
▶ 젓가락으로 찔러보아 반죽이 묻어나지 않으면 다 익은 거예요.

희동이의 요리팁

쪄낸 케이크를 그대로 오븐에 살짝 구워내면 또 다른 별미에요. 1~1.3cm 두께로 썰어 190℃로 예열된 오븐에 넣고 10분 먼저 구워낸 뒤, 뒤집어서 10분을 더 구워내요.
겉은 바삭바삭하게 되고 당근은 훨씬 더 쫄깃해지면서도 속은 여전히 촉촉하고 부드러운 찜케이크가 만들어져요.

심심풀이 간식
영양 상투과자

○ 떡방앗간 스토리

상투과자는 백앙금에 쌀가루를 더해서 만들면 바삭바삭 훨씬 더 단단해서 시간이 지나도 쉽게 눅눅해지거나 잘 깨지지 않아요. 단맛이 1/3로 줄어들어 훨씬 더 고소하고 맛있는 영양 만점 상투과자랍니다.

★ 재료 준비 끝!

백앙금	500g
아몬드가루	50g
박력쌀가루	35g
우유	30~50ml
달걀노른자	1개
꿀	1숟갈
백련초가루	2~3g
단호박가루	5g
쑥가루	5g
소금	약간

♥ 희동이만 따라와 ~

1 백앙금에 달걀노른자, 아몬드가루, 박력쌀가루, 소금, 꿀을 넣고 주걱으로 고루 섞어요.

2 대강 섞이면 우유를 조금씩 넣어가며 바닐라 아이스크림이 살짝 녹은 정도의 끈적임으로 되기를 조절해요.
▶ 앙금의 되기는 상표마다 조금씩 다르기 때문에 우유를 조금씩 넣어가며 조절해요.
▶ 반죽이 너무 되면 모양을 내서 짜기가 어렵고, 너무 질면 모양이 예쁘게 서지 않아요.

3 완성된 반죽을 3등분해 각각의 천연가루를 넣고 고루 섞어 주세요.
▶ 백련초 가루는 다른 가루보다 조금 덜 넣어도 색이 진하게 나와요.

4 짤주머니에 깍지를 끼우고 반죽을 담아 데프론시트(또는 기름종이)를 깔아둔 팬 위에 예쁘게 짜주세요.
▶ 짤주머니는 세워서 짜고 처음에 힘을 주어 넓게 짠 다음 힘을 빼며 깍지를 살짝 들어 끝을 뾰족하게 마무리해요.

5 미리 190~200℃로 예열해 둔 오븐에서 15~20분 정도(가장자리가 노르스름해 질 때까지) 구운 뒤, 팬 위에서 그대로 충분히 식혀내요.
▶ 구워내자마자 바로 건드리면 모양이 깨지기 쉬워요. 충분히 식혀야 바삭바삭 단단해진답니다.

희동이의 요리팁

- ✓ 손님이 오셨을 때, 아이스크림 볼에 담아 따뜻한 차 한 잔과 내면 훌륭한 다과상이 돼요.
- ✓ 코코아가루, 황치즈가루 등으로 더욱 다양한 색의 과자를 만들어 보세요.

포장비법

선물할 때는 충분히 식힌 다음에 포장해야 과자가 축축해지는 걸 방지할 수 있어요.

프렌치 쿠키
쌀가루 튀일

◉ **떡방앗간 스토리**

튀일(tuile)은 기와 모양
(roof tile)처럼 생겼다고 해서
이름 붙여진 프랑스식 쿠키에요.
가장자리는 똑똑 부서지는
재미가 있고, 가운데 부분은
쫄깃한 맛이 일품이랍니다.
쌀가루로 만들어 더욱 고소한
튀일은 선물하기에도 좋아요.

★ **재료 준비 끝!**

약 20개 분량

박력쌀가루 · · · · · · · · ·	45g
달걀흰자 · · · · · · ·	3개분(100g)
슈거파우더 · · · · · · · ·	100g
버터 · · · · · · · · · ·	50g
슬라이스아몬드 · · · · · · ·	50g
볶은 검은깨 · · · · · · · ·	30g
바닐라오일 · · · · · · · ·	약간
소금 · · · · · · · · · ·	약간

1 달걀흰자는 멍울만 살짝 풀어 주세요.
▶ 멍울이 풀어지지 않으면 반죽이 덩어리지기 쉽고 고루 섞이질 않아요.

2 체에 내린 박력쌀가루와 슈거파우더, 소금을 ①에 섞어주고

3 버터는 냄비에 넣고 보글보글 끓여요.

4 끓인 버터는 뜨거울 때 ②에 흘려 넣고 바닐라오일을 더해 고루 섞어요.
▶ 끓인 버터를 넣어야 광택이 돌아 먹음직스러워 보이고 맛과 향도 좋아져요.
▶ 끓인 버터는 체에 한번 걸러주면 깨끗해져요.

5 반죽을 반씩 나누어 한쪽에는 슬라이스 아몬드를, 다른 한쪽에는 깨를 넣어주고 랩을 씌워 최소 1시간~하루 정도 냉장고에서 휴지시켜요.

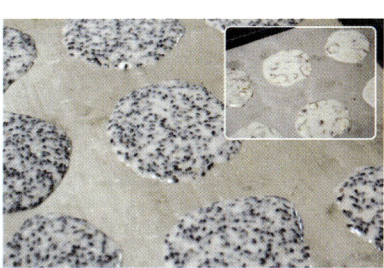

6 휴지된 반죽을 가볍게 섞고, 숟가락으로 둥글게 패닝해 150~160℃ 오븐에서 12~15분간 구워내요.
▶ 얇게 패닝할수록 더 바삭해요.

7 오븐에서 꺼내어 튀일이 식기 전에 구운 바닥이 밑으로 가도록 밀대에 얹어 손으로 모양을 잡아주세요.
▶ 식은 후에 구부리면 튀일이 깨지기 쉬워요.

희동이의 요리팁

✔ 슈거파우더가 없을 때는 분쇄기에 설탕 100g, 전분 5g을 넣고 곱게 갈아 직접 만들어요.
✔ 충전물은 아몬드와 검은깨 외에 흰 깨, 코코넛, 땅콩가루 등으로 다양하게 활용하세요.

건강을 선물하는
황남빵

○ 떡방앗간 스토리

통팥앙금이 꼭꼭 들어찬 만주는
연말연시나 명절 때 선물용으로
꾸준히 사랑받는 아이템이죠.
특히 어른들이 좋아하시는
만주를 쌀가루로 정성스럽게
만들어 건강까지 함께
선물하면 어떨까요?

★ 재료 준비 끝!

약 25개 분량

반죽

박력쌀가루	150g
강력쌀가루	50g
달걀	1개
설탕	60g
우유	30g
연유	30g
소금	1찻숟갈
베이킹파우더	1찻숟갈

앙금

팥앙금	450g
호두분태	50g
통조림밤	5개

달걀물

노른자	1개
우유	1숟갈

덧가루

여분의 강력쌀가루

1 크기가 다른 볼 2개를 준비해 작은 볼에는 우유, 설탕, 소금, 연유, 달걀을 모두 넣고 큰 볼에는 뜨거운 물을 넣어 설탕이 녹을 때까지 중탕으로 섞어요.

2 박력쌀가루와 강력쌀가루, 베이킹파우더를 체에 쳐서 ①과 섞고 한 덩어리로 뭉쳐요.

3 비닐에 반죽을 담고 최소 30분 이상 냉장고에서 휴지시켜요.
▶ 반죽이 굉장히 질지만 냉장고에서 휴지하고 나면 조금 나아져요.

4 반죽을 휴지하는 동안 팥앙금과 호두분태, 작게 자른 통조림밤을 넣고 섞어요.

5 고루 섞은 팥앙금은 20g씩 분할해 두고, 휴지한 반죽도 꺼내 18g씩 분할해요.
▶ 반죽은 성형하는 동안 마르지 않도록 젖은 면보나 비닐로 덮어주세요.
▶ 반죽을 만질 때는 덧가루를 넉넉히 묻혀주면 훨씬 쉽게 할 수 있어요.

6 반죽을 밀대로 넓게 펴 앙금을 올리고 오므리는 느낌으로 감싸준 뒤 매듭부분이 아래로 가도록 놓아주세요. 도장(떡살)으로 지그시 눌러 모양을 내거나 덧가루를 묻힌 작은 계량스푼으로 가운데가 움푹 들어가도록 눌러준 뒤 통호두를 얹어 손으로 한 번 더 눌러요.

7 노른자와 우유를 섞어 만든 달걀물을 2~3번 발라주고 170℃로 예열된 오븐에서 15~20분간 구워요.

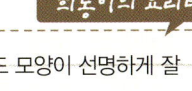
희동이의 요리팁

✔ 도장으로 모양을 낼 때는 지그시 힘 있게 눌러야 구운 다음에도 모양이 선명하게 잘 살아나요.
✔ 달걀물은 여러 번 발라줄 수록 색이 진하게 나온답니다.
✔ 호두 대신에 잣, 땅콩, 대추 고명 등으로 다양하게 장식하면 여러 가지 모양을 만들 수 있어요.

삐약삐약 귀여운
병아리 만주

◉ 떡방앗간 스토리
금방이라도 삐약삐약 소리를
내며 쫑쫑 걸어 다닐 듯 너무나
귀여운 모양의 병아리 만주예요.
예쁜 모양에 특히 아이들이
좋아하고, 선물용으로도 인기가
좋은 녀석이랍니다.

★ 재료 준비 끝!

약 10마리 분량

반죽

박력쌀가루	100g
강력쌀가루	50g
달걀노른자	1개
연유	150g
베이킹파우더	1찻숟갈
바닐라오일	1찻숟갈
소금	0.5찻숟갈

앙금

백앙금	400g

1 연유에 달걀노른자, 바닐라오일, 소금을 넣고 고루 섞어요.

2 여기에 박력쌀가루와 강력쌀가루, 베이킹파우더를 체에 쳐서 함께 섞고 한 덩어리로 뭉쳐 주세요.

3 앙금은 50g씩, 반죽은 30g씩 각각 분할해 주세요.
▶ 반죽이 마르지 않도록 젖은 면보나 비닐을 덮어 작업해요.

4 반죽을 만두피처럼 넓게 펴고 앙금을 올려 감싼 다음, 달걀 모양으로 만들어 엄지와 검지를 이용해 머리 부분을 나눈 후 손으로 살짝 부리모양을 완성해요.

5 180℃로 예열된 오븐에서 10~15분간 구워내서 식혀주세요.

6 쇠젓가락을 달궈 눈과 깃털을 그려주세요.

희동이의 요리팁

포장비법

포장할 때는 예쁜 한지를 색종이 크기로 잘라 한 마리씩 감싸주면 고급스러워요.

✔ 병아리 모양을 만들 때는 반죽이 연해 쉽게 찢어질 수 있으니 조심스럽게 만들어 주세요.
✔ 반죽이 찢어지면 나중에 구워져 나왔을 때 병아리가 갈라지는 원인이 돼요.

티타임에 굿
오트밀 쌀 쿠키

○ 떡방앗간 스토리

칼로리는 낮지만 단백질과 식이섬유소, 비타민이 풍부한 오트밀에 버터 대신
포도씨유를 더해 만드는 영양 쿠키에요. 만들기도 어렵지 않아 간식으로
자주 만들어 먹는답니다.

♥ 희동이만 따라와~

1 견과류는 여러 가지 종류로 준비해 200℃로 예열한 오븐에서 5분 정도 미리 구워두고 알이 큰 것은 적당히 잘라 주세요.

2 포도씨유에 흑설탕과 백설탕을 넣고 거품기로 반쯤 녹여요. 달걀과 바닐라오일, 소금을 마저 넣어 분리되지 않도록 섞어 두세요.

★ 재료 준비 끝!

15개 분량

박력쌀가루	200g
오트밀	80g
견과류	80g
포도씨유	90g
달걀	1개
흑설탕	60g
백설탕	30g
바닐라오일	1찻숟갈
소금	1찻숟갈
베이킹파우더	1찻숟갈

희동이의 요리팁

✔ 견과류는 집에 있는 다양한 종류의 것들을 이용해서 마음껏 활용해 보세요.

✔ 한 번에 넉넉히 만들었다가 단단히 밀봉해서 냉동보관 해두면 오래도록 바삭하게 먹을 수 있어요.

✔ 오트밀 쿠키는 특히 따뜻한 차나 우유와 함께 먹으면 더 맛있답니다.

✔ 아이들은 달콤하게 중탕으로 녹인 초콜릿을 반쯤 묻혀내 주면 더 좋아해요.

3 ②에 박력쌀가루와 베이킹파우더를 체에 쳐서 넣고, 오트밀과 ①의 견과류를 더해 주걱으로 반죽하세요. 반죽을 한 덩어리로 뭉쳐 오트밀이 촉촉해 지도록 해주고,

4 반죽을 적당히 떼어 동그랗게 굴렸다가 양 손바닥으로 두께 1cm 정도가 되도록 눌러서 모양을 만들고 180℃로 예열된 오븐에서 25분간 구워내요.

녹색향기
호박씨 쑥 쿠키

● 떡방앗간 스토리

향기가 좋은 쑥은 떡에 애용되는 재료 중의 하나에요.
향기가 좋을 뿐만 아니라 빛깔도 예쁜 떡을 만들 수 있지요.
이번에는 떡이 아니라 호박씨와 함께 녹색 건강 쿠키를 만들어 보아요.

♥ 희동이만 따라와~

1 크림상태로 만들어 놓은 실온의 버터에 설탕을 잘 섞어주고, 달걀을 3회에 나누어 넣어 분리되지 않도록 섞어요.

2 박력쌀가루와 베이킹파우더, 쑥가루, 소금을 체에 쳐서 넣고 주걱으로 고루 섞다가 바닐라오일도 넣어 주세요.

★ 재료 준비 끝!

약 25~30개 분량

박력쌀가루 · · · · · · · · · · · · · · · · · ·	200g
버터 ·	80g
설탕 ·	100g
달걀 ·	1개
호박씨 · · · · · · · · · · · · · · · · · · ·	40g
바닐라오일 · · · · · · · · · · · · · · · ·	1찻숟갈
베이킹파우더 · · · · · · · · · · · · · · ·	1찻숟갈
소금 ·	1찻숟갈
쑥가루 · · · · · · · · · · · · · · · · · · ·	1찻숟갈

3 어느 정도 섞이면 호박씨를 넣고 날가루가 보이지 않을 때까지만 섞어 반죽을 마무리해요. 반죽을 한 덩어리로 뭉쳐주고 두께 0.5~0.7cm 정도로 밀어서 랩을 씌워 냉장고에 30분 정도 넣어 주세요.

4 반죽을 꺼내어 나뭇잎 모양의 모양틀로 찍어내요. 180℃로 예열된 오븐에서 12~15분간 구워내고 식힘망에서 충분히 식혀내세요.

희동이의 요리팁

쑥가루 대신 녹차가루를 이용해도 맛있어요.

핑크공주의 간식
크랜베리 쌀 쿠키

○ 떡방앗간 스토리

백련초의 예쁜 핑크색 쿠키 속에 쫄깃하게 씹히는 크랜베리가
너무나 잘 어울리는 간식이에요. 예쁜 색을 십분 활용해 내용물이
잘 보이도록 포장해주면 선물용으로도 아주 좋아요.

♥ 희동이만 따라와~

1 크림상태로 만들어 놓은 실온의 버터
에 설탕을 넣고, 미리 풀어둔 달걀을
3번에 나누어 섞어 주세요.

2 달걀이 잘 섞인 반죽에 박력쌀가루
와 베이킹파우더, 백련초가루, 소금
을 체에 쳐서 넣고 바닐라오일도 넣어 주
걱으로 고루 섞어요.

3 반죽이 날가루가 보이지 않도록 섞이
면 건크랜베리를 넣어 고루 섞어 주
세요. 완성된 반죽은 원통형이 되게 모양
을 잡아 유산지에 잘 싸고, 1시간 정도 냉
동시켜 단단하게 굳혀요.

4 반죽을 꺼내 0.5cm 두께로 썰어 유
산지를 깔아둔 팬에 올려 주세요.
180℃로 예열된 오븐에서 12~15분간 구
워내고 식힘망에서 충분히 식혀요.
▶ 반죽이 녹기 전에 썰어서 구워내야 쿠키가 퍼
지지 않아요.

★ 재료 준비 끝!

약 15~18개 분량

박력쌀가루 · · · · · · · · · · · · · · ·	200g
버터 · · · · · · · · · · · · · · ·	80g
설탕 · · · · · · · · · · · · · · ·	100g
건크랜베리 · · · · · · · · · · · · · · ·	50g
달걀 · · · · · · · · · · · · · · ·	1개
백련초가루 · · · · · · · · · · · · · · ·	2찻숟갈
바닐라오일 · · · · · · · · · · · · · · ·	0.5찻숟갈
베이킹파우더 · · · · · · · · · · · · · · ·	1찻숟갈
소금 · · · · · · · · · · · · · · ·	1찻숟갈

희동이의 요리팁

동그랗게 잘라낸 반죽을 하트 모양의 쿠
키 커터로 찍어내어 구워도 예쁘답니다.

콩가루의 변신
인절미 쌀 쿠키

● 떡방앗간 스토리

고소한 콩가루로 인절미만큼 맛있는 쿠키를 만들어 볼게요.
어른들 뿐만 아니라 아이들도 굉장히 좋아하는 쿠키랍니다.
안심하고 먹을 수 있는 온가족 영양쿠키로 좋아요.

♥ 희동이만 따라와 ~

1 크림상태로 만들어 놓은 실온의 버터에 설탕을 넣고, 풀어둔 달걀을 3번에 나누어 섞어 주세요.

2 달걀이 잘 섞인 반죽에 박력쌀가루와 베이킹파우더, 콩가루, 소금을 체에 쳐서 넣어요.

3 반죽이 날가루가 보이지 않게 섞이면 검은깨를 넣어 마저 섞어주고 반죽을 마무리해요. 완성된 반죽은 비닐에 담아 냉장고에 30분간 넣어 주세요.

4 반죽을 꺼내 밀대로 두께 0.5~0.7 cm가 되게 밀어준 뒤 사각형으로 잘라요. 180℃로 예열된 오븐에서 12~15분간 구워내고 식힘망에서 충분히 식혀내세요.

★ 재료 준비 끝!

약 20~30개 분량

박력쌀가루	200g
버터	120g
설탕	50g
달걀	1개
볶은 콩가루	30g
검은깨	15g
베이킹파우더	1찻숟갈
소금	1찻숟갈

희동이의 요리팁

인절미를 만들고 콩가루가 남았다면 고소한 쿠키로 색다른 간식을 만들어 주세요.

교소한 맛이 일품
참깨두부과자

○ **떡방앗간 스토리**
시중에서 파는 두부과자는
기름에 튀겨내 만드는 데다가
주로 수입산 콩으로 만든 두부를
사용하기 때문에 오히려 건강에
해가 돼요. 집에서 두부와
쌀가루를 이용해 구워 내면 달지
않은 웰빙 간식이 완성된답니다.

★ 재료 준비 끝!

약 **40개 분량**

박력쌀가루 …………	200g
두부 ………………	140g
달걀 ………………	1개
참깨 ………………	20g
황설탕 ……………	90g
소금 ………………	2찻숟갈
베이킹파우더 ……	1찻숟갈

덧가루
여분의 박력쌀가루

1 두부는 키친타월로 물기를 깨끗이 닦 아내고 칼등으로 으깨어 곱게 만들어 요.

2 볼에 달걀과 황설탕, 소금을 넣고 거 품기로 고루 섞어요.

3 거품이 생기기 시작하면 두부 으깬 것 과 참깨를 넣어 한 번 더 섞어 주세요.

4 ③에 체에 친 박력쌀가루와 베이킹 파우더를 넣고 재료가 잘 섞이도록 주걱으로 반죽해 주다가, 한 덩어리가 되 면 손으로 마저 치대고 비닐에 담아 냉장 고에서 30분간 휴지시켜요.
▶ 반죽이 약간 진 듯하지만, 휴지시키고 나면 괜 찮아져요.

5 도마 위에 덧가루를 충분히 뿌리고 반죽을 꺼내 두께가 0.3~0.4cm가 되도록 밀대로 밀어요.

6 밀어준 반죽을 칼을 이용해 마름모 꼴로 잘라주고, 오븐 팬에 올려 180℃ 로 예열한 오븐에서 15~18분간 구워내 세요.

희동이의 요리팁

✔ 과자를 얇게 밀어 오븐에서 오래 구워낼수록 씹는 느낌이 훨씬 더 바삭바삭 해져요. 하지만 노인 분들이나 아이들을 위해 만들 때는 오 히려 지나치게 딱딱하면 먹기 힘들 수 있으니 바닥이 노르스름할 때까지만 구워주고, 구워낸 후에는 넓은 쟁반에 펴놓고 완전히 식힌 다 음 먹도록 해요. 식으면서 점점 바삭해 지는 과자랍니다.

✔ 오븐이 없어도 걱정하지 마세요. 반죽을 냉장고에서 1시간 이상 충분히 휴지했다가 0.2cm 정도로 얇게 밀어준 후, 165~170℃ 정도의 기름에서 노릇노릇해 질 때까지 튀겨 만들어도 된답니다. 튀기고 난 후엔 키친타월에서 기름을 완전히 빼주어야 바삭하고 담백하게 즐 길 수 있어요.

차 한 잔의 여유
대추스콘

○ 떡방앗간 스토리

티타임에 빠질 수 없는 아이템
중에 하나가 바로 스콘이에요.
스콘은 스코틀랜드에서 왕의
대관식에 사용하던 성스러운
돌의 이름에서 따왔다고도
전해져요. 고소하면서도
담백한 맛이 차 한 잔과
함께하면 일품이에요.

★ 재료 준비 끝!

8~9개 분량

박력쌀가루 · · · · · · · · ·	150g
버터 · · · · · · · · ·	50g
대추고 · · · · · · · · ·	35g
우유 · · · · · · · · ·	30g
황설탕 · · · · · · · · ·	30g
대추 · · · · · · · · ·	5개
잣 · · · · · · · · ·	10g
소금 · · · · · · · · ·	1찻숟갈
베이킹파우더 · · · · · · ·	2찻숟갈
우유 · · · · · · · · ·	약간

대추고 만드는 법은 41쪽 참고

1 볼에 체에 친 박력쌀가루와 소금, 베이킹파우더를 담고, 버터는 차가운 것을 깍뚝썰기해서 넣어요. 우유와 황설탕도 계량해서 같이 넣어 주세요.

2 스크레이퍼나 주걱을 세워서 버터를 잘게 조각내는 느낌으로 고루 섞어 주세요.

3 여기에 차가운 대추고를 넣고 스크레이퍼로 계속 섞어 보슬보슬한 상태가 되도록 만들어 주세요.

4 대추는 돌려깎기 후 씨를 제거하여 6~8등분하고, 잣은 고깔을 떼고 ③에 넣어 한 덩어리로 뭉쳐 주세요.
▶ 날씨가 무더울 땐 반죽을 비닐에 싸서 냉장고에 잠시 넣었다가 사용하세요.
▶ 손으로 치대어 반죽하는 것이 아니라 한 덩어리로 뭉쳐만 주면 돼요.

5 뭉친 반죽을 밀대로 밀어주고 다시 겹쳐 접고 다시 한 번 밀어요. 겹쳐서 접고 밀어주는 과정을 5~6번 정도 반복하세요.

6 반죽을 1.5~2cm 두께로 밀어주고 삼각형이나 사각형 모양으로 잘라내요.
▶ 모양틀로 찍어내도 예뻐요.

7 팬 위에 일정한 간격을 띄워 올려준 뒤 윗면 색깔이 예쁘게 나오도록 우유를 발라 180℃로 예열된 오븐에서 15분 정도 구워내고, 식힘망에 올려 식혀내요.

희동이의 요리팁

✔ 잣 대신 다른 견과류를 이용해도 돼요. 시나몬 향을 좋아한다면 계피가루를 살짝 더해주어도 좋답니다.
✔ 대추차와 함께 곁들여 건강한 티타임을 즐겨 보세요.

네 가지색 동글이
스노볼

● **떡방앗간 스토리**

동글동글 한입에 먹기 좋은
귀여운 모양에 반하고 입 속에
들어가자마자 사르르 녹아내리는
부드러움에 쉴새없이 손이
가는 쿠키에요. 만들어 두면
눈 깜짝할 사이에 동이
나버린답니다.

★ **재료 준비 끝!**

30개 분량

반죽

박력쌀가루	150g
아몬드가루	80g
버터	110g
피스타치오	40g
슈거파우더	40g
소금	2/3찻숟갈

기타

스노슈거	약간
동결건조 딸기파우더	2찻숟갈
코코아가루	2숟갈
녹차가루	2찻숟갈

• 스노슈거는 슈거파우더보다 잘 녹
지 않아서 장식하는 데 사용해요.

1 피스타치오는 200℃ 오븐에 5분 정도 미리 구워내 칼로 너무 곱지 않도록 다져요.

2 실온의 버터를 거품기를 이용해 크림 상태로 잘 풀어 주세요.

3 ②에 박력쌀가루, 슈거파우더, 아몬드가루, 소금을 체에 쳐서 넣고, 다져둔 피스타치오를 마저 넣어 한 덩어리로 뭉칠 때까지 고루 섞어요.

4 반죽을 조금씩 떼어 동그랗게 뭉쳐 유산지를 깔아 둔 오븐 팬 위에 올려요.
▶ 처음엔 잘 뭉치지 않는 듯해도 금방 손에서 버터가 녹으면서 한 덩어리로 잘 뭉쳐져요.
170℃로 예열된 오븐에서 15분간 구워내고 오븐 팬 채로 충분히 식혀 주세요.
▶ 뜨거울 때 손으로 만지면 그대로 사르륵 부서져요.

5 충분히 식힌 쿠키를 스노슈거에 굴려 고루 묻혀 주세요.
▶ 한 번 굴려 주었다가 다시 한 번 더 굴려내면 더 예쁘게 잘 묻어요.

6 핑크색은 딸기파우더, 갈색은 코코아가루, 녹색은 녹차가루를 스노슈거에 원하는 색만큼 섞어서 묻혀내면 돼요.

희동이의 요리팁

✓ 슈거파우더 대신 콩가루나 흑임자 고물을 묻혀 퓨전 쿠키로 새롭게 만들 수 있어요.

포장비법
속이 비치는 투명 봉투에 색깔별로 담아 선물해요.

아가들의 영양간식
달걀과자 샌드

❂ 떡방앗간 스토리

입속에서 사르르 녹아내리는
달걀과자는 아가들이 참
좋아하는 과자중 하나에요.
이젠 달걀과자도 쌀가루로
직접 만들어 더욱 건강한 간식을
만들어 주세요. 달걀과자에
딸기잼으로 샌드하면 맛도
모양도 훨씬 더 좋아진답니다.

★ 재료 준비 끝!

약 20~30개 분량

박력쌀가루	80g
전분	50g
달걀노른자	2개
버터	100g
슈거파우더	60g
바닐라오일	0.5찻숟갈
소금	0.5찻숟갈

1 실온의 버터를 부드럽게 크림상태로 만들어 주세요.

2 여기에 슈거파우더와 소금을 체에 쳐서 내려 주세요.

3 달걀노른자를 넣어 분리되지 않도록 고루 섞고, 바닐라오일도 함께 넣어 주세요.
▶ 달걀 노른자를 한 개씩 넣어가며 섞어주면 좋아요.

4 ③에 체에 친 박력쌀가루와 전분을 넣고 주걱을 세워 칼질을 하듯 섞어 반죽이 한 덩어리가 되도록 뭉쳐요.

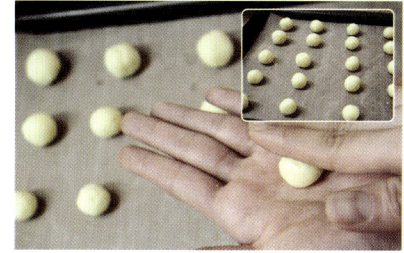

5 반죽을 조금씩 떼어 굴려 동그란 모양으로 빚은 후 팬에 일정한 간격으로 올려 주세요.
▶ 한 덩어리 당 3g 정도가 적당해요.
▶ 오븐에 구워지는 동안 버터가 녹으며 퍼지기 때문에 간격을 띄워야 서로 붙지 않아요.

6 170℃ 오븐에서 바닥이 노르스름해질 때까지 15~20분간 구워 충분히 식혀요.
▶ 오븐에서 굽자마자 바로 건드리면 부서져요. 충분히 식혀야 바삭바삭 단단해져요.

희동이의 요리팁

✓ 달걀과자 샌드는 쿠키를 충분히 식힌 후, 먼저 쿠키 한쪽의 가운데 부분에만 딸기잼을 살짝 바르고 다른 한쪽의 쿠키를 마저 붙여주면 돼요.

포장비법

쿠키가 마르지 않도록 밀봉해 실온에서 하루쯤 두었다 먹으면 딸기잼이 쿠키 속에 촉촉하게 녹아 두 쪽의 쿠키가 서로 꼭 붙어 있게 되기 때문에 선물하기도 좋고 맛도 좋아요.

겉은 바삭 속은 쫄깃
홍국쌀 코코넛 마카롱

🔴 떡방앗간 스토리

겉은 바삭하고 속은 쫄깃한 맛이
특징인 코코넛 마카롱에 홍국쌀
가루를 넣어 새롭게 만들어
봤어요. 홍국쌀가루로 영양을
더하고, 고운 빛깔로 만들어
내면 겉과 속이 모두 꽉 찬
마카롱이 만들어져요.

⭐ 재료 준비 끝!

약 30개 분량

코코넛채	200g
달걀흰자	2개
홍국쌀가루	15g
설탕	80g
포도씨유	1찻숟갈
바닐라오일	1찻숟갈
소금	2/3찻숟갈

♥ 희동이만 따라와~

1 달걀흰자에 설탕과 소금, 포도씨유, 바닐라오일을 넣고 거품이 살짝 생기도록 풀어 주세요.

▶ 바닐라오일 대신 바닐라에센스나 바닐라향 가루도 좋아요.

2 ①에 홍국쌀가루와 코코넛채를 넣어요.

3 코코넛채에 나머지 재료들이 스며들 때까지 고루 섞어 주세요.

4 수저에 ③을 꼭꼭 눌러 담아 모양을 만든 뒤 팬에 그대로 올려요.

5 170~180℃로 예열된 오븐에서 15분간 구워내세요.

▶ 낮은 온도에서 오래 구워낼수록 겉이 더욱 바삭해져요.

희동이의 요리팁

- 오븐에서 꺼내고 충분히 식혀야 겉은 바삭, 속은 쫄깃한 코코넛 마카롱의 제대로 된 맛을 즐길 수 있어요.
- 코코넛 마카롱은 오래 두면 바삭한 맛이 덜해지므로, 만든 날 바로 선물하는 것이 제일 좋아요.
- 스노슈거를 체에 내려서 윗면에 살짝 뿌려주면 더욱 예쁘답니다.
- 홍국쌀가루는 떡 재료 전문 쇼핑몰에서 구입할 수 있어요.

포장비법

투명 비닐에 예쁘게 담고 붉은 리본으로만 간단히 포장해도 근사해요.

사랑의 큐피드
유자마들렌

◉ **떡방앗간 스토리**

마들렌(madeleine)은 사랑을
부르는 이름이라고 해요.
향긋한 유자로 부드럽게 반죽해
구워내는 유자 마들렌을 만들어
마음속에 간직해둔 사람에게
선물해 보세요.

★ 재료 준비 끝!

	12개 분량
박력쌀가루	100g
버터	70g
슈거파우더	45g
유자청	40g
달걀	2개
꿀	2숟갈
베이킹파우더	1찻숟갈
바닐라오일	1찻숟갈
소금	1찻숟갈

1 박력쌀가루와 슈거파우더, 베이킹파우더, 소금을 모두 섞어 체에 내려 준비해 주세요.
▶ 2~3번 정도 체에 내려 줄수록 더욱 촉촉한 마들렌이 돼요.

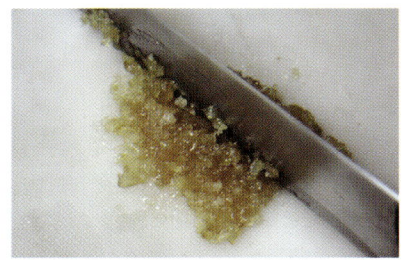

2 유자청은 잘게 다져 준비해요.

3 달걀과 꿀, 유자청 다진 것을 거품기로 모두 섞고 ①에 넣어 주세요.

4 버터는 중탕으로 녹이거나 전자레인지에 살짝 돌려 액체 상태로 부드럽게 만들어 ③에 흘려 넣고 섞어요.

5 완성된 반죽은 랩을 씌워 냉장고에 넣어 최소 30분~하루 정도 휴지시켜요.

6 휴지한 반죽을 꺼내어 짤주머니에 담고 버터를 고루 바른 틀에 80%만 채워준다는 느낌으로 짜주세요.
▶ 버터를 고루 발라야 나중에 모양이 상하지 않고 틀에서 예쁘게 떨어져요.
▶ 반죽을 너무 가득 짜면 구울 때 부풀어 올라 퍼지기 때문에 조개모양이 잘 살지 않아요.

7 180~190℃로 예열된 오븐에서 10~15분간 구워내고 틀에서 바로 꺼내 식히세요.

희동이의 요리팁

✔ 냉장고에 보관했다가 시원하게 먹어도 괜찮아요.
✔ 따뜻한 유자차와 함께 내면 향긋함이 살아나서 더 좋답니다.

아주 특별한 머핀
흑임자 호박고지 찹쌀머핀

● 떡방앗간 스토리

노화를 방지하고 탈모를
예방해주는 흑임자를 듬뿍 넣어
반죽하고, 쫄깃한 호박고지로
씹히는 재미를 더해준
머핀이에요. 어른들이 특히
좋아하는 맛으로 겉은 바삭하고
속은 쫄깃한 찹쌀 머핀이랍니다.

★ 재료 준비 끝!

	15개 분량
건식 찹쌀가루	120g
포도씨유	30g
황설탕	40g
흑임자가루	20g
호박고지	10g
우유	120g
달걀	1개
베이킹파우더	1찻숟갈
소금	1찻숟갈

1 호박고지는 따뜻한 물에 미리 5분 정도 불렸다가 꼭 짜서 칼로 잘게 다져요.
▶ 조금 남겨두었다가 나중에 고명으로 올리면 더 예쁜 모양으로 만들 수 있어요.

2 포도씨유에 설탕을 나누어 넣어 녹인 뒤 달걀을 더해 거품이 생길 때까지 잘 섞어요.

3 찹쌀가루와 흑임자가루, 베이킹파우더와 소금을 체에 쳐서 넣고 고루 섞어 주세요.

4 ③이 어느 정도 섞이면 다진 호박고지와 우유를 넣어 반죽의 되기를 봐가면서 마무리해요.
▶ 방앗간에서 빻아온 찹쌀가루를 사용할 때는 우유의 양을 레시피 보다 적게 조절해요.

5 골고루 기름 발라둔 미니 머핀틀에 반죽을 2/3정도 채워 담고 탁탁 쳐 공기를 빼준 뒤, 180℃로 예열된 오븐에서 8~10분간 초벌로 구워내요.

6 겉만 살짝 익힌 머핀을 꺼내어 젓가락으로 호박고지를 눌러주듯 고명을 올려주고, 다시 180℃ 오븐에 넣어 20분간 더 구워 완전히 익혀요.

희동이의 요리팁

✔ 고명으로 올리는 호박고지는 키친타월에 물기만 닦아서 올려주세요.
✔ 불린 호박고지의 물기를 지나치게 꼭 짜면 오븐 속에서 딱딱하게 마를 수 있어요.
✔ 호박고지 대신 호두나 부채꼴 모양으로 얇게 자른 단호박을 고명으로 하나씩 얹어 구워내도 정말 예쁘답니다.

간편하게 만드는
약식 찹쌀케이크

★ **재료 준비 끝!**

타르트틀 3호 기준

건식 찹쌀가루	200g
아몬드가루	30g
베이킹파우더	1찻숟갈
간장	4찻숟갈
포도씨유	10g
참기름	15g
미지근한 물	200g
계피가루	1찻숟갈
흑설탕	50g
캐러멜향 시럽	1찻숟갈

속 재료

대추	5개
통조림밤	5개
호두	5개
완두배기	50g
건포도	20g

장식

대추	2개
호박씨	약간

1 찹쌀가루와 아몬드가루, 베이킹파우더를 체에 한번 내리고 분량의 간장을 넣어요.

2 포도씨유와 참기름을 섞어 ①에 더해주세요.

3 가루들이 동글동글 작은 알갱이로 뭉치는 정도로 고루 섞어요.

4 흑설탕, 계피가루, 캐러멜향 시럽을 다른 볼에 담고 미지근한 물 200g에 잘 풀어 소스를 만들어요.

5 ③에 ④에서 만든 소스를 넣고 거품기로 잘 저어 섞다가 준비해 둔 속 재료를 모두 넣어 고루 섞어 반죽을 완성해요.

▶ 재료 손질하는 법
대추 젖은 면보로 깨끗이 닦아준 뒤 돌려깎아 씨를 빼고 8등분으로 잘라 주세요.
통조림밤 크기가 큰 것은 6등분, 작은 것은 4등분해서 잘라 주세요.
호두 끓는 물에 살짝 데쳐 껍질을 벗겨주고, 4등분해서 잘라 주세요.

6 기름칠을 미리 해 둔 파이 팬에 반죽을 90% 정도 담고(많이 부풀지 않아요), 180℃로 예열된 오븐에 넣어 40분간 구워내세요.

희동이의 요리팁

✔ 건식 찹쌀가루가 아닌 방앗간에서 불려온 찹쌀가루를 사용할 때는 물의 양을 줄여서 만들면 되는데 슈퍼에서 파는 찹쌀가루보다 훨씬 더 맛있어요.
✔ 반죽의 되기는 핫케이크 반죽보다 조금 더 된 정도로 조절하면 돼요.

쫄깃쫄깃
통팥 찹쌀타르트

○ 떡방앗간 스토리

탱글탱글한 통팥과 여러 가지
몸에 좋은 견과류를 가득 넣어
만드는 찹쌀타르트는 콩가루가
들어가는 필링에 찹쌀 특유의
쫄깃하면서도 고소한 타르트지가
잘 어울려 질리지 않고 자꾸만
먹게 되는 제대로 된 웰빙
간식이랍니다.

★ 재료 준비 끝!
타르트틀 3호 기준

타르트지

건식 찹쌀가루	200g
우유	150ml
포도씨유	30ml
설탕	1숟갈
소금	1찻숟갈
베이킹파우더	2찻숟갈

필링

달걀	1개
팥배기	150g
견과류	50g

(호두, 잣, 호박씨, 해바라기씨, 땅콩 등)

볶은 콩가루	2숟갈
꿀	2숟갈
우유	3숟갈
황설탕	1숟갈
소금	0.5찻숟갈

1 찹쌀가루, 베이킹파우더, 소금은 체에 내려두고, 설탕과 우유, 포도씨유를 모두 넣어 한 덩어리로 뭉쳐 주세요.

2 뭉쳐진 반죽을 비닐에 넣어 밀대로 두께 0.7cm 정도가 되도록 밀어요.

3 타르트 틀에 여분의 포도씨유를 미리 발라 두세요. 밀대로 넓게 밀어둔 반죽은 비닐의 한쪽면만 잘라 그대로 뒤집어 틀에 안치고 가장자리를 꾹꾹 눌러 모양을 잡고 포크로 구멍을 내요.
▶ 구멍을 내는 이유는 굽는 동안 밑면이 부풀지 않고 속까지 잘 익도록 하기 위해서예요.

4 팥배기를 먼저 채워 넣고 그 위로 준비한 견과류들을 모두 섞어 올려 주세요.

5 달걀과 볶은 콩가루, 꿀, 우유, 황설탕, 소금 약간을 거품기로 잘 풀어 타르트 필링을 만들어요.

6 필링을 체에 걸러 ④에 넘치지 않도록 주의해 가며 가득 부어 주세요. 180℃로 예열된 오븐에서 40분간 굽다가 160℃로 낮추어 15분간 구워내 속까지 완전히 익혀요.

희동이의 요리팁

✔ 구워낸 타르트는 뒤집어서 식히면 윗면이 울퉁불퉁하게 되는 걸 방지할 수 있어요.
✔ 처음엔 타르트시가 바삭바삭 하지만, 시간이 지날수록 찹쌀 특유의 쫄깃함이 살아나게 됩니다.
✔ 팥배기는 인터넷이나 방산시장에서 쉽게 구입할 수 있지만 집에서 직접 만들어 사용하면 더욱 좋아요.

팥배기 만드는 법

재료 팥 2컵, 소금 2찻숟갈, 설탕 1컵

1 팥은 깨끗이 씻어 물을 넉넉히 부은 냄비에 삶아내다가 끓으면 물을 한번 따라 버려요.
(팥의 떫은 맛을 제거해 주기 위해서예요.)

2 다시 냄비에 팥의 8배 정도로 물을 붓고 30분 정도 더 삶아 주세요.
(팥이 오래된 정도에 따라서 삶는 시간에는 차이가 날 수 있어요.)

3 팥이 어느 정도 삶아졌으면 설탕을 넣고 팥이 충분히 무를 때까지 마저 졸여 내세요.
(보관할 때는 시럽째로 같이 보관해 두고, 사용할 때는 체에 밭쳐 남는 시럽은 걸러내고 사용하세요.)

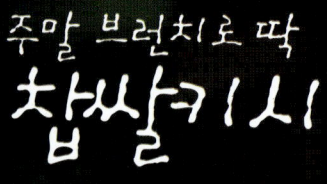

주말 브런치로 딱
찹쌀키시

◉ 떡방앗간 스토리

키시(Quiche)라는 이름이 좀
생소하죠? 겉모습은 꼭 파이처럼
생겼는데 속에는 여러 가지
야채나 햄, 고기 등을 넣고
피자처럼 구워내는 과자랍니다.
밀가루 대신 찹쌀, 버터 대신
포도씨유, 생크림 대신 우유를
사용해 만들어 봤어요.

★ 재료 준비 끝!

타르트틀 3호 기준

타르트지

건식 찹쌀가루	200g
우유	150ml
포도씨유	30ml
설탕	1숟갈
소금	1찻숟갈
베이킹파우더	2찻숟갈

토핑

햄	80g
양송이버섯	6개
양파	1/2개
방울토마토	6개
브로콜리	60g
옥수수통조림	2숟갈
달걀	1개
우유	150ml
파르마산치즈가루	12g
소금·후추·포도씨유	약간씩

1 찹쌀가루, 베이킹파우더, 소금은 체에 내리고, 설탕과 우유, 포도씨유를 넣어 뭉쳐요. 뭉친 반죽을 비닐에 넣어 냉장실에 20~30분간 두고 그 동안 속재료를 준비해요.

2 방울토마토는 십자로 칼집을 내고 끓는 물에 데쳐 껍질을 벗기고 반으로 잘라요. 햄은 통째 끓는 물에 데쳐 잘게 썰고 양송이버섯과 양파는 다듬어 채 썰고 브로콜리는 소금물에 데쳤다가 한 입 크기로 썰어 물기를 빼둬요.

3 팬에 포도씨유를 두르고, 양파가 투명해질 때까지 볶은 다음 햄, 양송이버섯, 브로콜리, 옥수수 통조림 순으로 넣어 볶고 소금과 후추로 간해요.
▶ 방울토마토만 제외하고 차례로 넣어 볶아내면 돼요.

4 달걀은 알끈을 제거해 풀어주고 우유와 치즈가루를 8g만 넣어 거품이 나게 저어요.
▶ 치즈가루는 피자를 시켜 먹은 후 남은 것을 활용해도 되는데 작은 한 봉지가 4g이에요.

5 ④가 고루 섞였으면 체에 걸러서 준비하세요.
▶ 치즈가루가 잘 내려가지 않을 때는 수저나 주걱을 이용해 완전히 내려주세요.

6 180℃로 오븐을 예열하고 타르트틀에 포도씨유를 발라 키친타월로 살짝 닦아내요. ①의 찹쌀반죽을 봉지 채 0.7cm 두께로 밀고 한쪽면만 가위로 잘라 그대로 뒤집어 타르트틀에 엎어줘요.

7 가장자리 반죽은 깔끔하게 정리하고, 안친 반죽 안쪽에 포크로 구멍을 내두세요. ③에서 볶아낸 속 재료를 고루 얹어 담아주고

7 ⑤에서 만든 충전물을 부은 뒤 방울토마토를 얹어 마무리하고, 180℃로 예열한 오븐에서 40분간 구워내고 치즈가루 4g을 덧뿌려요. 160℃ 오븐에 넣어 15~20분간 더 구워 속까지 완전히 익혀요.

희동이의 요리팁

✔ 모차렐라치즈를 좋아한다면 마지막에 치즈도 함께 얹어 구워도 맛있어요.
✔ 속에 들어가는 재료는 냉장고에 있는 재료들로 마음껏 다양하게 활용해 보세요.

활용도 만점
흑미 크레이프

❂ 떡방앗간 스토리
오븐이 아닌 프라이팬에 얇게
부쳐서 만드는 크레이프를
흑미로 만들어 보았어요.
흑미 특유의 은은한 보랏빛이
우유색 바닐라 아이스크림과
너무나 잘 어울려요.

★ 재료 준비 끝!
약 6~10장 분량

흑미쌀가루	20g
박력쌀가루	80g
우유	100g
달걀	1개
포도씨유	20g
설탕	20g
소금	0.5숟갈

1 볼에 달걀과 설탕을 준비해요.

2 거품기로 설탕이 녹을 만큼만 고루 풀어주고

3 설탕이 어느 정도 녹으면 우유를 흘려 가며 넣고 거품기로 계속 저어줘요.

4 우유가 완전히 섞이면 포도씨유를 흘려가며 넣어 분리되지 않도록 섞어요.
▶ 포도씨유가 없다면 식용유나 버터를 녹여서 넣어도 괜찮아요.

5 ④에 흑미쌀가루와 박력쌀가루, 소금을 체에 2~3번 쳐서 넣어 날가루가 없도록 섞이면 랩을 씌우고 냉장고에서 최소 30분~1시간 정도 휴지시켜요.

6 기름을 살짝 둘렀다가 키친타월로 말끔히 닦아낸 팬에 국자로 떠서 최대한 얇게 부쳐내세요.

희동이의 요리팁

✔ 아이스크림이나 크림치즈, 생크림을 얹고 과일이나 시럽 등을 함께 곁들여 내면 간식으로 정말 좋아요.
✔ 크레이프는 한 장 한 장 구워서 먹어도 맛있지만 같은 크기로 여러 장을 구워 층층이 생크림을 바르면 근사한 크레이프 케이크로도 만들 수 있어요. 주말아침 브런치로 즐길 때는 고기나 햄, 야채와 함께 돌돌 말아서 먹어도 훌륭하지요. 입맛에 맞게 다양한 방법으로 이용해 보세요.

굿모닝 아침메뉴
단호박소스 팬케이크

🔵 **떡방앗간 스토리**

떡을 만들고 남는 쌀가루들이
처치곤란이라면? 냉동실에
조금씩 모아둔 쌀가루들을
주말아침 근사한 팬케이크
브런치로 변신시켜 주세요.
달콤하고 부드러운 단호박소스로
기분 좋은 아침을 맞이할
수 있답니다.

⭐ **재료 준비 끝!**

약 12~15개 분량

팬케이크

소금 간 된 멥쌀가루	1컵
달걀	1개
녹인 버터	20g
설탕	15g
베이킹파우더	2/3찻숟갈
바닐라오일	1찻숟갈
우유	1컵 정도

단호박소스

단호박	1/4개
크림치즈	35g
우유	35g
설탕	20g
잣가루	약간

팬케이크 만들기

1 달걀과 설탕을 볼에 넣고 거품기로 충분히 풀어 설탕을 완전히 녹여요.

2 바닐라오일과 녹인 버터도 함께 넣고 잘 섞어요.

3 체에 2~3번 내린 멥쌀가루와 베이킹파우더를 섞어주고, 우유를 조금씩 넣어가며 반죽을 뭉침 없이 풀어줘요.

4 농도가 바닐라 아이스크림을 살짝 녹인 정도가 되면 반죽이 완성된 거예요.
▶ 쌀가루의 수분 양에 따라 우유 넣는 분량은 차이가 나요. 조금씩 넣어가며 조절하세요.

5 코팅이 잘 된 팬에 기름을 살짝 둘러 키친타월로 닦아내고, 반죽을 올려 약한 불에서 천천히 구워요. 사진처럼 구멍이 송송 뚫리면 뒤집어서 앞뒤로 완전히 익혀내 주세요.
▶ 모양틀에 기름을 바르고 반죽을 부어 구우면 예쁜 모양이 나와요

단호박소스 만들기

6 씨를 파내고 껍질을 벗긴 단호박을 그릇에 담아 랩을 씌우고, 렌지에 2~3분간 돌려서 완전히 쪄내요.

7 블렌더에 단호박 찐 것과 우유, 설탕, 크림치즈를 넣고 갈아요.

8 냄비에 담아 바글바글 끓여 설탕이 녹고 모든 재료가 고루 섞이면 소스도 완성이에요. 잣가루를 살짝 뿌려 완성하세요.

희동이의 요리팁

✓쫀득한 맛을 원한다면 남은 찹쌀가루도 함께 넣어보세요. 멥쌀가루로만 만든 팬케이크가 폭신한 맛이라면 찹쌀가루를 섞어 만들면 겉은 바삭, 속은 쫄깃한 또 다른 느낌의 팬케이크로 변신한답니다.
✓여러 가지 다양한 과일을 얹고 슈거파우더를 솔솔 뿌려내어도 좋아요.

진정한 웰빙 간식
달걀케이크

◐ **떡방앗간 스토리**

매일 맛있는 떡과 빵을 만들어
먹느라 우리 몸은 지금
탄수화물의 섭취가 포화상태일지
몰라요. 몸에 좋고 만들기
쉬운 건강한 간식 뭐 없을까
고민한다면 이 요리가 좋아요.
담백한 달걀 케이크는
다이어트용으로도 손색없답니다.

★ **재료 준비 끝!**

	약 6~8개 분량
달걀	4개
두부	100g
견과류	50g
완두배기	30g
팥배기	40g
연유	1.5숟갈
소금	2/3찻숟갈

1 견과류는 취향대로 다양하게 마른 팬에 살짝 볶아 칼로 잘게 다져요.
▶ 견과류는 사용 전에 마른 팬에 볶아 사용해야 훨씬 고소해요.

2 두부는 물기를 제거하고 칼등을 이용해 잘게 으깨 주세요.
▶ 면보에 한 번 짜내면 더 좋아요.

3 알끈을 제거한 달걀에 소금을 넣고 거품기로 충분히 풀어주다 연유를 넣어 한 번 더 섞어요.

4 여기에 두부 으깬 것도 함께 넣어주고 체에 내려서 곱게 만들어 주면 달걀 반죽은 완성이에요.

5 마지막으로 준비한 완두배기와 팥배기, 다져둔 견과류들을 넣고 고루 섞어요.

6 틀에 포도씨유를 골고루 발라주고
▶ 식용유로 대신해도 상관없어요.

7 반죽을 틀의 80~90%까지 채우고, 190℃로 예열해 둔 오븐에 25분간 구워요.

8 갓 구워진 달걀 케이크를 틀에서 바로 꺼내면 모양이 망가져요. 부풀어 오른 모양이 살짝 가라앉도록 한 김 식힌 후 꺼내주세요.

희동이의 요리팁

연유가 없다면 우유나 생크림 1.5숟갈로 대신할 수 있고, 설탕을 1~2숟갈 정도 넣어서 단맛을 조절해 만들어도 돼요.

쌀로 만들면 쉬운
마요네즈 옥수수 쌀빵

◉ **떡방앗간 스토리**

고소한 마요네즈와 통통 씹히는
옥수수를 듬뿍 올려 구워내는
쌀빵이에요. 쌀가루로 반죽을
하면 1차 발효과정이 필요없어서
밀가루로 빵을 만드는 것보다
조금 더 쉬워진답니다. 버터 대신
포도씨유를 사용해 건강까지
생각했어요.

★ **재료 준비 끝!**

	6개 분량
강력쌀가루	250g
따뜻한 우유	150g
포도씨유	15g
달걀	1개(50g)
인스턴트 드라이이스트	5g
설탕	30g
소금	4g
통조림 옥수수	150g
마요네즈	30g

· 반죽을 발효해서 만드는 빵은 강력
쌀가루를 사용해요.

1 체에 3번 내린 강력쌀가루를 볼에 담고 구멍 3개를 파서 각각 소금과 설탕, 드라이이스트를 넣은 다음 구멍 주변의 쌀가루들로 각각의 위를 덮어요.
▶ 설탕은 이스트의 발효를 돕지만 소금은 방해가 되므로 직접 닿지 않도록 하기 위해서예요.

2 재료를 주걱으로 골고루 섞은 다음 실온의 달걀과 따뜻한 우유를 넣어 뭉치고 포도씨유를 넣어 마저 섞어줘요.

3 작업대 위로 반죽을 옮겨 반죽이 차질 때까지 10~15분 정도 치대어 반죽해요.
▶ 밀고 치대는 과정을 반복해주면 글루텐이 형성돼요.

4 반죽이 매끈매끈 아기엉덩이같이 보드라워지면 스크레이퍼로 6등분 하고, 둥글려 준 뒤, 반죽이 마르지 않도록 랩을 씌워 10분간 실온에서 중간발효해요.
▶ 손으로 자르면 반죽이 상하기 쉬워요.

5 중간발효를 할 동안 물기를 충분히 제거해 준 옥수수에 마요네즈를 섞어두세요.

6 반죽을 밀대로 밀어 가스를 빼주고 둥글납작하게 만들어요.

7 머핀용 틀(사이즈大 : 윗지름8cm)에 포도씨유를 바르고 ⑥의 반죽을 넣어 ⑤를 올리고, 40~50℃의 따뜻한 곳에서 40분 간 발효 한 뒤, 마요네즈를 끝이 막힌 비닐 짤주머니에 담아 반죽 윗면에 지그재그로 뿌려 180~190℃로 예열된 오븐에서 20~25분 간 구워요.
▶ 머핀용 틀이 없다면 유산지를 깔아 둔 오븐팬 위에 반죽을 간격을 두어 올리고 옥수수를 얹어 구우면 돼요.

희동이의 요리팁

✔ 오븐에서 구워낸 후 틀에서 잠시 식혔다가 먹어야 쌀가루 특유의 냄새도 사라지고 씹는 맛이 훨씬 더 쫄깃쫄깃해진답니다.
✔ 우유는 중탕으로 데우거나 전자레인지에 20~30초 정도 돌려서 사용하고, 사용 후 남는 인스턴트 드라이이스트는 밀봉해서 냉장고에 보관하세요.

이보다 쉬울 순 없다
슬라이스 치즈케이크

⭐ **재료 준비 끝!**

원형틀 3호 기준

박력쌀가루	30g
전분	3g
녹인 버터	40g
우유	200g
슬라이스치즈	4장
달걀노른자	3개
레몬즙	2찻숟갈
소금	0.5찻숟갈
머랭	
달걀흰자	3개
설탕	50g

1 냄비에 우유를 넣고 약한 불에서 중간 불로 데우다가 치즈를 한 장씩 넣어가며 거품기로 저어 충분히 녹여요.

2 치즈가 완전히 녹으면 박력쌀가루와 전분을 한 스푼 씩 체에 쳐서 넣고 뭉치지 않도록 계속 섞어 주세요.

3 불을 끄고 달걀노른자 푼 것, 녹인 버터, 레몬즙, 소금을 순서대로 넣어 골고루 섞어요

4 ③이 식는 동안 달걀 흰자를 거품기로 충분히 저어 머랭을 만들어요.
▶ 머랭을 만들기 전에 흰자를 냉장고에 넣어두면 더 쉽게 만들 수 있어요.
▶ 흰자를 먼저 거품 내다가 어느 정도 거품이 생기면 설탕을 조금씩 나누어 넣어 뿔이 살짝 생길 정도로 저어주면 돼요. 너무 단단하면 나중에 케이크 윗면이 갈라지게 돼요.

5 반죽에 ④에서 만든 머랭을 3번에 나누어 넣고 주걱을 밑에서 위로 올리듯 해서 살살 섞어요.

6 틀에 버터를 살짝 바르고 유산지를 틀 크기에 맞게 잘라 깔아준 뒤 반죽을 부어 주세요.
▶ 틀에 버터를 바르면 유산지를 틀에 쉽게 고정할 수 있어요.

7 틀 째로 탁탁 쳐서 기포를 빼주고, 150℃로 예열된 오븐에 50~60분간 중탕으로 구워요.
▶ 중탕으로 굽는 것은 작은 쿠키팬이나 은박컵 등에 물을 담아 같이 넣어 케이크를 촉촉하게 구워내는 방법이에요.

희동이의 요리팁

✓ 다 만든 후 틀에서 바로 빼지 말고 냉장고에 최소 3시간 이상 굳혀서 꺼내 주세요. 냉장고에서 하루쯤 두었다가 차게 먹는 것이 더 맛있어요.
✓ 자를 때는 칼을 불에 달궈 사용하면 단면이 더욱 깨끗하게 잘려진답니다.
✓ 케이크의 높이를 높게 만들고 싶다면 같은 레시피로 원형틀 2호(지름 18cm)에 구우면 돼요.

PART5

희동이네 떡방앗간

몸과 마음이 즐거워지는
전통 건강 디저트

쫀득쫀득 고소한 다이어트
선식 다식

◉ 떡방앗간 스토리

여러 가지 곡물을 건조해서 빻아 만든 선식가루는 아침식사 대용이나 건강간식으로 자주 찾게 돼요. 이 선식가루를 꿀과 함께 반죽해서 만들어 짬짬이 과자 대신 먹으면 다이어트에도 도움이 되는 멋진 휴대용 간식이 된답니다.

♥ 희동이만 따라와 ~

1 선식가루와 계피가루, 소금을 모두 섞고 꿀을 조금씩 나누어 넣어요.

2 손으로 조물조물 뭉쳐서 한 덩어리 가 되도록 합니다.
▶ 꿀을 나누어 넣어가며 되기를 조절해 주세요. 반죽이 너무 질다면 선식가루를 조금 더 넣어주면 돼요.

★ 재료 준비 끝!

약 6~9개 분량

선식가루(또는 미숫가루) · · · · · · · · · · · 1컵
계피가루 · · · · · · · · · · · · · 2/3찻숟갈
소금 · · · · · · · · · · · · · · · · · · 약간
꿀 · · · · · · · · · · · · · · · · · · 2~3숟갈

3 다식판에 기름을 바르거나 랩을 깔고 꿀로 반죽한 선식가루를 손가락으로 꾹꾹 눌러 박아내세요.
▶ 다식판이 없다면 손으로 동그랗게 뭉쳐 모양 을 만들어도 돼요.

희동이의 요리팁

만든 다식은 마르 지 않도록 비닐에 넣어 보관하면 가 지고 다니면서 먹 기에도 좋고, 그대로 끓는 물이나 따뜻 한 우유에 풀어서 개어 먹어도 돼요.

아름다운 전통과자
오색 다식

● 떡방앗간 스토리

다식(茶食)은 차를 마시는 우리 조상들의 풍습과 함께 전해 내려오는 과자 중 하나예요.
단맛과 원재료의 고유한 맛이 잘 조화된 것이 특징으로 제사상과 회갑 잔치, 궁중의 잔칫상,
혼례의 큰상 등 크고 작은 행사에 빠지지 않아요.

♥ 희동이만 따라와~

1 냄비에 물엿과 설탕, 물을 넣고 젓지
말고 그대로 중간 불에서 끓이다가
설탕이 완전히 녹으면 불을 끄고 꿀을 넣
고 섞어서 엿물을 만들고 식혀두세요.

2 다섯 가지 색깔의 재료에 엿물을 조
금씩 넣어가며 손으로 조물조물 한
덩어리로 뭉쳐요.

▶ 흑임자는 살짝 볶아 가루를 내어 체에 내린
후, 찜통에 쪄서 절구에 넣고 기름이 많이 생길
때까지 곱게 찧어 사용해요.
▶ 백련초 다식은 백련초가루의 양으로 색을 조
절하는데 진한 분홍색을 낼 때는 백련초가루를
조금 더 늘려주면 된답니다.
▶ 엿물은 가루에 조금씩 넣고 어우러지는 정도
를 봐가며 더해주세요. 반죽이 너무 질어졌다면
각각의 재료를 더해주거나, 슈거파우더로 조절
하세요.

3 다식판에 기름을 바르거나 랩을 깔고
엿물로 반죽한 다식 반죽을 손가락으
로 꾹꾹 눌러 박아내세요.

★ 재료 준비 끝!

약 40~50개 분량

엿물

물엿	1컵
설탕	1/2컵
꿀	4숟갈
물	2숟갈

오색 재료

흑임자다식(검은색, 흑임자가루 1컵)
백련초다식(분홍색, 녹말가루 1컵, 백련초가루 4찻숟갈)
송화다식(노란색, 송화가루 1컵)
콩가루다식(녹색, 청콩가루 1컵)
녹말다식(흰색, 녹말가루 1컵)

희동이의 요리팁

✓ 다식을 만들 때 사용되는 꿀은 아카시아 꽃과 같은 흰색의 꿀을 넣어야 주재료 그대
로의 맛과 향기를 살릴 수 있으며, 색도 깨끗하게 나온답니다.
✓ 다식판은 서울의 인사동이나 황학동 벼룩시장, 방산시장 등에서 판매하고 있고 인터
넷의 떡재료 전문 쇼핑몰에서도 구할 수 있어요. 모양과 크기가 굉장히 다양하고 가격
도 천차만별이에요.

포장비법

다식을 선물할 때는 칸막이로 분리되어 있는 초콜릿 상자를 이
용해 포장하면 좋아요. 색깔별로 고루 담으면 정말 예쁘답니다.

고급스런 다과상에
호두 곶감말이

1 호두는 마른 프라이팬이나 오븐에 살짝 구워 고소한 맛을 살려줘요.

2 곶감은 말랑말랑한 것으로 준비해 꼭지를 떼고 씨를 제거해 칼로 중간 중간 살짝 저며 가며 넓게 펼쳐 주세요.

3 밀대로 밀어 얇고 길게 만들어 줍니다.

4 김발에 랩을 깔고 손질한 곶감을 0.5cm씩 겹치도록 세 장을 올린 뒤, 그 위로 호두를 납작한 면이 서로 마주보게 하여 두 개씩 길게 올려 주세요.

5 김밥 말듯 곶감을 잡아당기며 단단하게 말아요.

6 말고서 남은 곶감은 깨끗하게 잘라내 마무리 하고 꼭꼭 눌러 냉장고에 30분간 넣어 잘 붙도록 굳혀요.

7 냉장고에서 굳혀낸 것을 꺼내어 0.5cm 두께로 썰어 내세요.

희동이의 요리팁

✔ 곶감말이 겉면에 꿀을 살짝 발라 잣가루를 묻혀내면 고소한 맛이 배가돼요.
✔ 호두 대신 피칸을 사용해도 예뻐요.

투명한 아름다움
감자 장미정과

⊙ 떡방앗간 스토리

정과는 주변에서 구하기 쉬운
재료들을 설탕시럽이나 물엿,
꿀에 오랫동안 졸여 쫄깃하고
달콤하게 만든 한과랍니다.
당도가 높아 한 번 만들어 놓으면
잘 상하지 않으니 넉넉히 만들어
차에 곁들여 내거나 떡 장식으로
사용 하세요.

★ 재료 준비 끝!

3가지색

감자	4개
식초	1숟갈
소금	2찻숟갈
물	8컵
설탕	2컵
물엿	3/4컵
꿀	6숟갈

• 한 가지 색 당 설탕 2/3컵, 물엿 1/4
컵, 물 2컵, 꿀 2숟갈씩을 사용해요.

색내기용 재료

딸기가루	2찻숟갈
포도가루	4찻숟갈
메론 시럽	2찻숟갈

1 감자를 깨끗이 씻어 껍질을 벗기고, 반으로 잘라 감자의 결을 확인해요.
▶ 반으로 잘랐을 때 심이 보여야 돼요.

2 결방향대로 채칼로 얇게 슬라이스 하고 찬물에 담가 전분을 빼내요.
▶ 결방향대로 슬라이스 해야 정과가 잘게 쪼개 지지 않아요.
▶ 전분을 많이 빼낼수록 감자정과를 더욱 투명 하게 만들 수 있어요.

3 냄비에 분량의 식초와 소금, 물 2컵을 넣고 끓이다 썰어둔 감자를 데쳐 내요.

4 거품이 냄비 위로 가득 생기면 불을 끄고 체에 밭쳐 물기를 제거해요.
▶ 감자는 젓가락으로 집었을 때 부드럽게 휘어 지는 정도로만 데쳐내면 돼요.

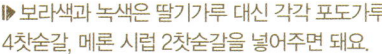

5 다시 냄비에 설탕 2/3컵, 물 2컵을 넣고 젓지 말고 끓이다가 설탕이 녹 으면 데쳐낸 감자의 1/3분량, 딸기가루 2 찻숟갈을 넣어 약한 불에서 끓여내요.
▶ 보라색과 녹색은 딸기가루 대신 각각 포도가루 4찻숟갈, 메론 시럽 2찻숟갈을 넣어주면 돼요.

6 감자에 어느 정도 물이 들면 물엿 1/4 컵을 넣고 끓이다 꿀 2순갈을 넣어 윤기를 내고 조금 더 끓여요.

7 넓은 접시나 팬에 한 장 씩 펼쳐놓고 살짝 수분을 날려줘요.

8 둥근 감자정과를 반으로 접은 뒤 돌 돌 말고, 반으로 접은 정과를 2~4장 정도 위로 겹쳐 말아 장미모양으로 만들 어요.

희동이의 요리팁

정과를 냉장고에 보관할 때는 남은 시럽 과 함께 보관해야 윤기를 유지할 수 있 어요.

매혹적인 향기
홍차 양갱

◉ 떡방앗간 스토리

요즘은 커피와 녹차뿐만
아니라 홍차에 대한 관심도
날로 높아져 가고 있어요.
이런 홍차는 향이 아주 진해서
양갱으로 만들어도 독특한 맛이
난답니다. 열대과일과 오렌지
마멀레이드의 상큼함까지 가미한
웰빙 디저트를 소개합니다.

★ 재료 준비 끝!

사각틀 2호 / 16개 분량

팥앙금 · · · · · · · · · · ·	500g
한천가루 · · · · · · · · ·	3숟갈
생크림 · · · · · · · · · ·	1/2컵
우유 · · · · · · · · · · ·	1/2컵
물 · · · · · · · · · · · ·	2컵
홍차티백 · · · · · · · · ·	1개
건조열대과일 · · · · · · ·	1/4컵
오렌지필 · · · · · · · · ·	1/4컵
설탕 · · · · · · · · · · ·	2숟갈
물엿 · · · · · · · · · · ·	2숟갈
소금 · · · · · · · · · · ·	약간

1 냄비에 한천가루를 넣고 물을 부어 젓지 말고 그대로 5분 이상 불려요. 티백의 포장을 갈라 찻잎을 모두 꺼내주세요.

2 또 다른 냄비에 우유와 생크림을 부어 데운 뒤 찻잎을 넣고 향이 우러나게 3분 간 두세요.

3 불린 한천가루는 그대로 약한 불에 올려 끈적끈적한 상태가 될 때까지 젓지 말고 끓이다가, 청이 잡히면 설탕을 넣어 주걱으로 저어 완전히 녹여요.

4 여기에 팥앙금을 조금씩 나누어 넣어 주걱으로 바닥이 눌지 않도록 계속 저어 끓여요.
▶ 조금씩 나누어 넣으면서 팥앙금이 뭉치지 않도록 고루 풀어 주는 게 중요해요.

5 팥앙금이 고루 섞이면 ②와 소금을 넣고 섞은 뒤 중간 불에서 조금 더 저어가며 끓여요.

6 마지막으로 물엿을 넣고 1분간 더 끓여주고 불에서 내려요.

7 데프론시트 또는 매끄러운 바닥에 사각틀을 올리고 양갱 끓인 것을 부은 뒤 굳기 전에 건조열대과일과 오렌지필을 윗면에 고루 뿌리고, 실온에서 굳혀주세요.
▶ 겨울철에는 1시간 이상, 여름철에는 3시간 이상이 좋아요.

8 칼로 가로와 세로 각각 4등분하여 썰어내요.
▶ 썰기 전에 가장자리를 미리 잘라두면 틀에서 깨끗하게 떨어져요.

희동이의 요리팁

홍차의 종류에 따라 양갱의 맛도 조금씩 달라져요. 좋아하는 홍차를 취향에 맞게 활용해 보세요.

콩가루가 들어간
인절미 양갱

● 떡방간 스토리

양갱을 만들 때 고소한 콩가루를 더해주면 슈퍼에서 파는 양갱으로는 절대 맛볼 수 없는
독특한 맛이 나게 돼요. 어르신들 입맛 사로잡기에 딱 좋은 인절미 양갱을 직접
만들어서 주위에 선물해 보세요.

♥ 희동이만 따라와 ~

1 백앙금과 콩고물, 연유, 소금을 고루
섞어 한 덩어리로 뭉쳐요.

2 냄비에 물과 한천가루를 넣고 5~10
분 정도 불려뒀다가 그대로 약한 불
에서 젓지 말고 끓여 청을 잡아요.
▶ 청을 잡는 것은 물이 불투명한 흰색으로 변하
면서 끈끈한 풀처럼 될 때까지 끓이는 것을 말해
요.
▶ 냄비는 코팅이 잘 되어 있는 소스용 팬을 사용
하는 게 좋아요.

★ 재료 준비 끝!

약 15개 분량

콩고물 · · · · · · · · · · · · · · · ·	3숟갈
백앙금 · · · · · · · · · · · · · · · ·	150g
한천가루 · · · · · · · · · · · · ·	1.5숟갈
물 · · · · · · · · · · · · · · · · · · ·	1.5컵
연유 · · · · · · · · · · · · · · · · · ·	2숟갈
설탕 · · · · · · · · · · · · · · · · · ·	2숟갈
물엿 · · · · · · · · · · · · · · · · · ·	2숟갈
소금 · · · · · · · · · · · · · · · · · ·	약간

희동이의 요리팁

과정 4에서 틀에 1/3 정도만 먼저 부어
주고 식혀서 조금 굳혔다가, 견과류나
팥배기, 팥앙금 등을 가운데에 넣고 나
머지를 마저 부어 굳혀내면 영양도 더하
고 씹히는 맛도 더욱 좋아진답니다.

3 청이 잡히면 먼저 설탕을 넣고 충분
히 저어 녹여준 뒤에 ①에서 뭉쳐 둔
앙금을 조금씩 나누어 넣고 덩어리없이
고루 풀어지도록 저어가며 계속 끓여요.

4 마지막으로 물엿을 넣고 1분 정도
더 끓인 후 불을 꺼요. 뜨거울 때에
실리콘 틀에 부어 실온에서 완전히 식히
세요.

달콤한 옷을 입은
호두 강정

🔴 떡방앗간 스토리

호두는 껍데기의 쌉싸래한 맛 때문에 날 것으로는 잘 먹지 않게 되는데,
끓는 물로 쓴 맛을 제거해 설탕코팅을 입히면 참 맛있어요. 아이들에겐 훌륭한 영양 간식,
어른들에겐 고급스런 술안주가 된답니다.

❤ 희동이만 따라와~

1 호두는 알이 부서지지 않은 것으로
골라 두세요. 호두를 끓는 물에 3~5
분 정도 삶아 불순물과 쓴맛을 제거하고
체에 밭쳐 물기를 제거해요.

2 냄비에 분량의 물과 황설탕을 넣어
젓지 않고 끓이다 설탕이 녹으면 간
장과 ①의 호두를 모두 넣어 표면이 반짝
반짝 윤기가 날 때까지 15분 정도 졸여요.

★ 재료 준비 끝!

호두 40~50개 분량	
호두 ·	200g
황설탕 ·	1컵
물 ·	1.5컵
간장 ·	1찻숟갈
식용유 ·	적당량

3 체에 밭쳐 여분의 시럽은 제거해 주
고 튀김용 팬에 식용유를 붓고
120~140℃ 약한 불에서 연갈색으로 될
때까지 살짝 튀겨요.
▶ 높은 온도에서 오랫동안 튀기면 오히려 영양
가가 파괴돼요. 튀긴 후에도 호두 속의 기름으로
색이 진해질 수 있으니 갈색으로 변하면 바로 꺼
내주세요.

4 넓은 접시에 종이 포일을 깔고 튀긴
호두를 펼쳐 식혀내요.
▶ 키친타월을 깔면 호두에 붙게 되니 종이 포일
이 없다면 일반 접시에 펼쳐 식혀요.

희동이의 요리팁

✔ 튀겨낸 호두는 실온에 두면 산화되기
쉬워요. 냉동실에 보관하면 오랫동안 보
관할 수 있고 실온에 두었을 때보다 바
삭하고 고소해서 더욱 맛있게 먹을 수
있답니다.

✔ 커피향을 좋아한다면 과정 3에서 간장
대신 소금 1찻숟갈, 인스턴트커피 3~4
찻숟갈을 함께 넣어 졸여주면 커피맛 호
두로 만들 수 있어요.

✔ 과정 5에서 튀기는 기름이 부담된다면
오븐 팬에 펼쳐서 붙지 않게 놓아주고
180℃ 정도의 오븐에서 10분간 구워내
도 돼요.

자꾸만 손이 가는
통아몬드 강정

● 떡방앗간 스토리

아몬드를 통째로 맘껏 즐길 수 있어 마음까지 푸짐한 통아몬드 강정이에요.
한입 오도독 베어 물고 나면 마음 속 까지 든든해진답니다.
자꾸만 손이 가는 인기 디저트를 만들어 보세요.

★ 재료 준비 끝!

약 18~20개 분량

통아몬드 · 200g
강정시럽 · 1/4컵
간장 · 1찻술갈
강정 틀

강정시럽 만드는 법 43쪽 참고

♥ 희동이만 따라와~

1 통아몬드는 젖은 면보로 깨끗이 닦고, 180℃로 예열한 오븐에서 5분간 굽거나 마른 팬에 살짝 볶아요. 그동안 넓은 팬에 강정시럽과 간장을 넣고 끓여요.

2 시럽이 끓어오르면 구운 아몬드를 넣고 고루 버무려 줘요. 시럽이 졸아서 설탕 실이 보이기 시작할 때까지만 버무려 주세요.

3 ②가 뜨거울 때 바로 강정 틀에 부어 평평하게 모양을 잡고 그대로 식혀 굳혀요.
▶ 틀 바닥에 기름 바른 비닐이나 종이 포일, 실리콘 패드 등을 깔아야 들러붙지 않아요.

4 강정에 온기가 살짝 남아있을 때 칼로 먹기 좋게 잘라내요.
▶ 굳지 않았을 때 자르면 모양이 흐트러지긴 하지만, 너무 딱딱하게 굳으면 깨지기 쉬워요.

희동이의 요리팁

✓ 아몬드에 다른 여러 가지 견과류를 함께 넣어 만들어도 맛있답니다.
✓ 아몬드의 풍미를 그대로 살리고 싶다면 간장 대신 소금을 조금 넣어 만들어 보세요.

동글동글 꽃 강정

떡방앗간 스토리

강정 만들기는 해보지도 않고 막연히 어렵다고만 생각하기 쉬워요.
간단하고 예쁘게 만들 수 있는 강정을 소개해 드릴게요. 쌀을 말렸다 튀기는 과정 없이
쌀 튀밥으로 대신하고, 강정 틀 없이 손으로 뭉쳐 누구나 만들 수 있어요.

♥ 희동이만 따라와 ~

1 넓은 팬에 강정시럽과 물에 개어둔 백련초가루를 넣고 끓여요.
▶ 노란 꽃 강정은 물에 갠 백련초가루 대신 치자물 2숟갈을 넣어요.

2 시럽이 끓어오르면 바로 쌀 튀밥과 크랜베리 다진 것을 넣고 고루 버무려요.
▶ 노란 꽃 강정은 크랜베리 대신 피스타치오를 다져 넣어요.

3 시럽이 없어질 때까지 고루 졸여내 색이 골고루 입혀지도록 버무린 후 불을 꺼요.

4 실리콘 장갑을 끼고 재빨리 강정이 식기 전에 동그랗게 뭉쳐내세요.
▶ 실리콘 장갑 대신 면장갑 위로 비닐장갑을 덧대어 낀 후 기름을 조금 발라 사용해도 돼요.

★ 재료 준비 끝!

약 18~20개 분량

분홍 꽃 강정

백련초가루	1숟갈+물 1숟갈
강정시럽	1/3컵
쌀 튀밥	2컵
건크랜베리	1/3컵

노란 꽃 강정

치자물	2숟갈
강정시럽	1/3컵
쌀 튀밥	2컵
유자청 다진 것	1숟갈
피스타치오 다진 것	1/2컵

강정시럽 만드는 법 43쪽 참고

희동이의 요리팁

✔ 강정이 식기 전에 호박씨를 붙여 장식해주면 더욱 예뻐요.
✔ 식기 전에 뭉쳐내야 하기 때문에 많은 양의 강정을 만들 때는 여러 번에 나누어 만드는 것이 좋답니다. 만약 다 뭉쳐 내기 전에 굳어졌다면 팬에 다시 강정시럽을 조금 끓이고 굳은 강정을 넣어 녹였다가 만들도록 하세요.

커피홀릭을 위한
커피 강정

떡방앗간 스토리

커피를 좋아하는 사람이라면 한입에 반하게 되는 바삭바삭 달콤한 커피 강정이에요.
우리 전통 강정에 커피가 들어간 퓨전 디저트라 더욱 특별해요.
친구나 지인들에게 선물하면 누구나 좋아할 맛좋은 한과랍니다.

★ 재료 준비 끝!

약 20개 분량

쌀 튀밥 · · · · · · · · · · · · · · · · · 2컵
인스턴트커피 1숟갈+뜨거운 물 · · · · · · 1숟갈
　　　(커피는 미리 물에 개어 사용해요)
강정시럽 · · · · · · · · · · · · · · · · 1/3컵
코코피넛 · · · · · · · · · · · · · · · · 1/3컵
강정시럽 만드는 법 43쪽 참고

♥ 희동이만 따라와~

1 넓은 팬에 강정시럽과 물에 개어둔 인스턴트커피를 넣고 끓여주세요.

2 시럽이 끓어오르면 바로 쌀 튀밥과 분량의 코코피넛을 넣고 고루 버무려요. 시럽이 없어질 때까지 고루 졸여내 색이 골고루 입혀지도록 버무리고 불을 꺼요.

희동이의 요리팁

✓ 헤즐넛향이나 바닐라향 시럽을 첨가하면 더욱 고급스런 커피향이 난답니다.
✓ 작은 용기에 소분된 다양한 시럽은 방산시장에서 쉽게 구할 수 있어요.

3 불에서 내리자마자 뜨거울 때 강정 틀에 부어 평평하게 모양을 잡고 식혀 굳혀요.
▶ 강정틀이 없으면 실리콘 장갑을 끼고 동글한 모양으로 뭉쳐서 만들어도 돼요.

4 완전히 굳기 전에 일정한 크기로 썰어내세요.

오븐으로 구워 만든
오트밀 강정

● 떡방앗간 스토리

오트밀로 만들어 건강함을 살리면서도 단맛은 최대한 줄여 간편하게 식사대용으로
즐길 수 있는 강정이에요. 오븐으로 구워서 만들기 때문에 쉽게 만들 수 있는데다,
딱딱하지 않아 이가 약한 어른들께 좋아요.

♥ 희동이만 따라와 ~

1 호두, 아몬드, 땅콩 등 크기가 큰 견과
류들은 2~4등분하여 마른 팬에 살짝
볶아요. 오트밀도 마른 팬에 소금을 약간
넣어 고소한 냄새가 날 때까지만 볶아요.

2 포도씨유와 올리고당, 설탕, 꿀을 모두
계량하고 냄비에 모두 넣어 젓지 말고
설탕이 녹을 때까지 보글보글 끓여요.

★ 재료 준비 끝!

약 6~8개 분량

재료	분량
오트밀	50g
호두	50g
아몬드	50g
땅콩	30g
해바라기씨	20g
호박씨	20g
건포도	20g
포도씨유	20g
올리고당	60g
설탕	30g
꿀	10g
소금	약간

3 볼에 ①의 모든 재료를 섞어 담고 끓
인 포도씨유를 뜨거울 때 부어 주걱
으로 고루 섞어요. 사각틀에 부어서 윗면
을 꾹꾹 눌러 빈틈없이 높이가 일정하도
록 다듬어요.

4 180℃로 예열된 오븐에서 15분간 구
워, 식으면 틀에서 꺼내 적당한 크기
로 잘라요.
▶ 강정을 오븐에서 꺼낸 다음 어느 정도 식은 다
음에 잘라야 깨지지 않아요.

희동이의 요리팁

✓ 포도씨유 대신 식용유를 사용해도 되
고, 버터를 사용하면 또 다른 풍미를 느
낄 수 있어요.

✓ 올리고당과 꿀은 같은 양의 물엿으로
대체해도 괜찮아요.

전통 새우 스낵
새우 꽈배기

★ **재료 준비 끝!**

약 30개 분량

박력쌀가루 · · · · · · · · · · ·	50g
강력쌀가루 · · · · · · · · · · ·	50g
보리새우가루 · · · · · · · ·	3숟갈
물 · · · · · · · · · · · · · · · ·	150ml
식용유 · · · · · · · · · · · ·	적당량
소금 · · · · · · · · · · ·	0.5찻숟갈

집청

설탕 · · · · · · · · · · · · · ·	1컵
물 · · · · · · · · · · · · · · · ·	1컵
꿀 · · · · · · · · · · · · · · ·	1숟갈

집청 만들기는 250쪽 참고

1 마른 새우는 곱게 갈아 가루로 만들어 두세요.

2 박력쌀가루와 강력쌀가루, 소금, 새우가루를 모두 섞어 체에 내리고 물로 반죽해요.
▶ 새우가루는 여분으로 좀 남겨두었다가 나중에 고명으로 뿌리세요.
▶ 쌀가루가 없으면 같은 양의 다목적 밀가루(중력분)를 사용하세요.

3 밀대로 두께가 0.2~0.3cm가 되도록 얇게 밀고

4 세로 길이는 6.5cm로, 가로 길이는 0.7cm가 되게 썰어요.

5 양끝을 손으로 잡고 비틀어 꽈배기 모양으로 만들고

6 150~160℃의 기름에서 노릇하게 튀겨주세요.

7 체에 밭쳐 기름을 빼주고, 남은 기름은 키친타월로 충분히 제거해요.

8 집청에 담갔다 꺼내고 체에 밭쳐 여분의 시럽은 제거해 준 뒤 새우가루를 뿌려요.

희동이의 요리팁

집청에 담그지 않고 그냥 먹으면 담백한 새우스낵으로 즐길 수 있어요.

입 안에서 살살 녹는
약과

● **떡방앗간 스토리**

반죽을 여러 번 접어 만드는
전통약과는 그 결이 제대로
살아 있어 서양의 파이 같은
느낌이 나요.
사먹는 약과의 끈적끈적한
느낌과는 달리 입에서 살살
녹는 맛을 느낄 수 있어요.

★ **재료 준비 끝!**

약 15~20개 분량

박력쌀가루	90g
강력쌀가루	90g
참기름	3숟갈
꿀	3숟갈
청주	2숟갈
소금	0.5찻숟갈
생강가루	1찻숟갈
흰 후춧가루	0.5찻숟갈
계피가루	0.5찻숟갈

집청

설탕	1컵
물	1컵
꿀	1숟갈
유자청	0.5~1찻숟갈

1 박력쌀가루와 강력쌀가루, 소금, 생강가루, 흰 후춧가루, 계피가루를 모두 섞어 체에 여러 번 내려준 뒤 참기름을 넣고 주걱을 세워 보슬보슬 해지도록 고루 섞어요.
▶ 쌀가루가 없으면 같은 양의 다목적 밀가루(중력분)를 사용하세요.

2 체에 한 번 더 내려 곱게 만들어요.

3 여기에 꿀과 청주를 넣어 주걱으로 고루 섞어준 뒤 한 덩어리로 뭉쳐만 주세요.

4 흐트러지지 않을 정도로만 뭉친 반죽을 밀대를 이용해 두께 1~1.5cm 정도로 밀어 주세요.

5 다시 반으로 포개 접고 밀어주는 과정을 7~8번 반복해요.

6 반죽을 0.7~0.8cm 정도의 두께로 밀어 모양틀로 찍어내요.
▶ 모양틀이 없다면 3 x 3cm 정사각형 모양으로 자르면 돼요.

7 포크로 반죽의 가운데에 바닥까지 닿도록 구멍을 찔러요.
▶ 약과의 속까지 잘 익을 수 있도록 도와주는 작업이에요.

8 튀김용 팬에 기름을 부어 아주 약한 불에 올리고 모양낸 반죽을 한 개씩 넣어 준 뒤, 100℃ 정도의 낮은 온도에서 반죽이 떠오를 때까지 기다려 주세요.

9 반죽이 떠오르면 중간 불로 올려 150℃ 정도가 되도록 온도를 높여 주고 약과를 앞뒤로 뒤집어가며 갈색 빛이 나도록 튀겨요.

10 튀겨낸 약과는 체에 밭쳐 기름을 충분히 빼내 주세요.

11 집청에 최소 30분 이상 담갔다가 체에 밭쳐 여분의 시럽을 제거하고 대추나 잣, 호박씨 등으로 장식하세요.

▶ 집청에 오래 담글수록 보관 기간이 길어져요. 반나절 정도 넉넉히 집청해 두면 좋아요.

최동이의 요리팁

✔ 반죽은 절대 손으로 치대지 마세요. 손으로 반죽하면 글루텐이 생성되어 약과가 딱딱해지는 원인이 돼요.

집청만들기

✔ 냄비에 설탕과 물을 넣고 젓지 말고 끓이다 설탕이 녹으면 꿀을 더해 물의 양이 처음의 반이 될 때까지 끓여 식혀요.

✔ 약과 집청을 만들 때에는 유자청을 더하면 맛과 향이 더욱 좋답니다.

내 몸에 힘이 되는
콩가루 두부 푸딩

● 떡방앗간 스토리
콩가루의 고소한 향기를 부드럽게 즐길 수 있는 웰빙 푸딩이에요.
몸이 좋지 않거나 기운이 없을 때 죽 대신 먹으면 속이 든든하면서도 부담이 안가요.
내 몸을 위한 특별한 보양 디저트를 만들어보세요.

♥ 희동이만 따라와~

1 흑설탕과 달걀을 거품기로 잘 풀어 주세요. 여기에 거즈로 물기를 꼭 짜낸 두부를 주걱으로 체에 곱게 내려 섞어요.

2 볶은 콩가루와 우유를 더해 거품기로 고루 섞어 반죽을 완성해요.

★ 재료 준비 끝!

머핀컵 6개 분량

볶은 콩가루 · · · · · · · · · · · · · · · ·	100g
우유 ·	1컵
달걀 ·	4개
두부 ·	200g
흑설탕 · · · · · · · · · · · · · · · · · · ·	80g

3 머핀컵에 4/5 쯤 반죽을 채워 담고, 200℃로 예열된 오븐에서 25분간 익혀내요.
▶ 반죽을 가득 채우면 굽는 동안 부풀어올라 머핀컵 위로 넘칠 수도 있으니 주의하세요.
▶ 꼬치로 찔러 묻어나지 않을 때 까지만 구워내세요.

4 완성된 푸딩 위에 콩가루를 한 번 더 뿌려내면 훨씬 더 예쁘고 맛있어요.

희동이의 요리팁

✔ 여름에는 냉장고에서 충분히 식혀 차게 먹으면 좋고, 겨울에는 만들자마자 따뜻할 때 먹어야 제 맛이에요.
✔ 반죽을 굽기 전에 믹서에 고루 갈아 사용하면 좀 더 부드럽게 만들 수 있고, 우유 대신 두유를 쓰면 고소한 맛이 더해진답니다.
✔ 오븐에서 굽는 대신 전자레인지에 5분 정도 돌려 만들 수도 있어요.

처음 만드는 떡, 도구와 재료는 어디서 구하지!?

최근에는 떡 만들기 전문 인터넷 쇼핑몰들이 많아져서 재료와 도구를 구하기가 매우 쉬워졌답니다.
구매목록이 가득한 쇼핑몰들을 여기저기 기웃거리는 것만으로도 많은 정보를 구할 수 있어요.
아래 사이트들을 참고해서 똑똑한 쇼핑하세요!

떡 재료 · 쌀가루 전문점

(주)대두식품 www.idaedoo.co.kr	떡, 제과제빵 재료와 도구 및 다양한 용도의 쌀가루 제품, 앙금, 양갱, 화과자 등 판매 국내 최고의 쌀가루 전문 브랜드 '햇쌀마루'를 통해 우리 쌀로 만들어 안전한 웰빙 먹거리 제공	베이킹스쿨 www.bakingschool.co.kr	퓨전 떡에 이용되는 재료들
참새방앗간 www.dduk21.com	방앗간에서 직접 빻은 습식 쌀가루 냉동 판매, 온라인 동영상 강좌, 오프라인 강의 및 동호회 활동	햇방아 www.ppcrice.co.kr	다양한 쌀가루 전문 판매
		경동시장 www.internetkyungdong.or.kr	재래시장에서 판매하는 한약재, 각종 가루, 고물 등의 재료
식신닷컴 www.siksin.com	떡을 찌거나 빵을 구울 때 필요한 다양한 실리콘 몰드	유어디시 www.urdish.com	수입 냉동 과일 전문
시루 www.ciroo.co.kr	냉동 멥쌀, 찹쌀가루 판매	그린팜 www.grfarm.co.kr	화전 만들 때 사용하는 식용 꽃, 말린 꽃 판매

포장 · 스탬프 · 소품 전문점

경일포장 www.kyungilpack.co.kr	저렴한 비닐과 크고 작은 상자, 포장 재료 대량 판매	아이푸드넷 www.ifoodnet.co.kr	일본 수입 포장 재료 예쁜 화과자 상자
새로포장 www.saeropack.co.kr	수입 포장 재료 대량 판매	그린펄프 www.greenpulp.net	펄프로 만든 도시락 박스 낱개 포장 떡을 위한 펄프 포장 용품
호시노앤쿠키스 www.hosino.co.kr	일본 수입 도구와 소품들	페이퍼트리 www.papertree.co.kr	특이한 포장지와 리본 다양한 박스들
슈파트리 www.supa-tree.com	주방 소품과 개성 있는 포장 재료	스탬프마마 www.stampmama.com	포장에 필요한 스탬프 판매 스탬프 디자인과 크기 등 주문제작

Index

four free www.fourfree.com
고객상담 : 1588 - 0029

"특별한 당신만을 위한 계란
바로 포프리입니다."

오뚝한 흰자와 노른자, 신선하고 고소한 맛 그리고 안전함!

4 FREE
Odor free / Virus & Bacteria free /
Antibiotic free / Animal fat free

four free

Special eggs for Special people
fourfree means Best Taste, Best Quality, Best Freshness
Fresh Delivery from farmer to customer

Korea's first HACCP